2018年度青岛市社会科学规划研究项目
“青岛市湿地生态补偿对策研究”（QDSKL1801139）的研究成果

青岛市湿地生态补偿对策研究

张丽君　解直凤　黄晓林　著

中国海洋大学出版社
·青岛·

图书在版编目（CIP）数据

青岛市湿地生态补偿对策研究 / 张丽君，解直凤，黄晓林著. —青岛：中国海洋大学出版社，2021.6

ISBN 978-7-5670-2862-3

Ⅰ.①青⋯ Ⅱ.①张⋯ ②解⋯ ③黄⋯ Ⅲ.①沼泽化地—生态环境—补偿机制—研究—青岛 Ⅳ.①X321.252.3

中国版本图书馆CIP数据核字（2021）第127340号

青岛市湿地生态补偿对策研究

出版发行 中国海洋大学出版社
社　　址 青岛市香港东路23号　　**邮政编码** 266071
网　　址 http：//pub.ouc.edu.cn
出 版 人 杨立敏
责任编辑 邵成军　林婷婷
电　　话 0532-85901092
电子信箱 752638340@qq.com
印　　制 日照报业印刷有限公司
版　　次 2021 年 6 月第 1 版
印　　次 2021 年 6 月第 1 次印刷
成品尺寸 170 mm × 230 mm
印　　张 13
字　　数 178 千
印　　数 1 ~ 1000
定　　价 49.00 元
订购电话 0532-85902478（传真）

Contents

目录

绪论

XU LUN

一、我国湿地生态补偿的立法和实践支撑

二、湿地生态补偿研究评价

三、研究方法

四、理论和现实意义

湿地，与森林、海洋并称为地球三大生态系统，又被称为“地球之肾”。“世界上90%的人口居住在与湿地相关联的河谷、盆地和三角洲上。”[①]然而，人类长期以来未真正认识到湿地的价值，而是将其视为“无用之地”，在这一错误理念的指导下，全球湿地面积急剧缩减。

青岛地处山东半岛东南部，地理坐标为东经119° 30′ ~ 121° 00′ 、北纬35° 35′ ~ 37° 09′，特殊的水文、土壤和气候导致青岛湿地动植物资源相对丰富。“青岛共有湿地面积13.6万公顷，其中，市南区现有湿地5块877.67公顷，类型为近海与海岸湿地；市北区现有湿地5块4 988.22公顷，类型为近海与海岸湿地（2块）4 876.99公顷、河流湿地（3块）111.23公顷；李沧区现有湿地2块120.73公顷，类型为河流湿地。”[②]青岛符合国际湿地规定的湿地类型有4类15型。胶州湾湿地作为山东半岛最大的河口海湾型湿地，湿地率达到83.3%，提供了丰富的湿地生态系统服务。青岛湿地保护起步较早，2004年，青岛市政府就下发了《关于加强湿地保护管理工作的通知》，先后申报建设了大公岛岛屿生态系统省级自然保护区、大泽山省级自然保护区、文昌鱼水生野生动物市级自然保护区、少海国家湿地公园和唐岛湾国家湿地公园，还有许多湿地公园、湿地保护小区在积极规划建设中。目前，青岛市已初步形成了以自然保护区和湿地公园为主的湿地保护网络体系。但是在对湿地生态系统功能认识不足的大背景下，青岛市湿地保护还面临许多问题。相对于2012年青岛市湿地面积普查结果，2018年青岛市湿地面积总体来看有所增加，但同1996年—1997年相比，青岛市湿地面积是负增长的，且负增长率较高，也就是说，拉长时间维度，青岛市的湿地状况是恶化的：“近海与海岸湿地、沼泽湿地减少明显，这与近年来填海造陆、开发旅游等人为活动有关；河流湿地与人工湿地面积略有增加，这与政府湿地保护有效措施积极实施有关。总体而言，青岛市湿地面积有所萎缩，湿地

① 樊清华.海南湿地生态立法保护研究［M］.广州：中山大学出版社，2013：1.

② http：//news.qingdaonews.com/wap/2020-09/10/content_22285386.htm？complete=1.

生态系统平衡和湿地生态系统功能维持受到影响。”[①]

数据背后是人类的扩张之举（当然我们并不否认有湿地的自然变动，但其影响与人类活动相比还非常微弱）。随着湿地面积的急剧缩减，不利影响也逐渐显现。虽然湿地面积约占地球表面积的4.8%，但是其贡献是巨大的，湿地是兼具生态、经济和社会价值的生态系统。湿地生态补偿作为经济手段，通过利益导向，使环境负外部性和正外部性内部化，起到积极遏制湿地恶化的作用。

一、我国湿地生态补偿的立法和实践支撑

生态补偿自20世纪90年代以来，开始为我国所关注。尽管生态补偿以生态效益补偿、生态环境补偿等不同方式出现，但一直是关注的热点。例如2005年《国务院关于落实科学发展观加强环境保护工作的决定》和2006年《中华人民共和国国民经济和社会发展第十一个五年规划纲要》提出建立生态补偿机制。2015年中央一号文件提出“实施湿地生态效益补偿”。2016年《关于健全生态保护补偿机制的意见》是我国首份针对生态保护补偿机制的文件。2018年《关于建立更加有效的区域协调发展新机制的意见》提出了“健全区际利益补偿机制”。

我国对湿地生态补偿的关注也反映在立法上。首先，我国《环境保护法》将湿地纳入环境的范畴，这意味着湿地从环境综合法层面得到了确认，湿地的管理和保护得到了明确的宣示；其次，《环境保护法》第三十条明确了生态补偿制度的确立，自然也包含湿地生态补偿制度。我国《水污染防治法》等立法也都直接涉及。财政部、原国家林业局联合制定的《中央财政湿地保护补助资金管理暂行办法》（已失效）和《中央财政林业补助资金管理办法》为湿地生态补偿资金的安排和使用作了一定的规定。《湿地保护管理规定》规定湿地占用补偿以及对湿地受损者

① 刘明磊.青岛市湿地资源及动态评估［D］.济南：山东大学，2019：22.

的补偿。财政部、国家林业局《关于2010年湿地保护补助工作的实施意见》确定了补助资金来源、范围、用途等,《关于做好2014年湿地保护补助实施方案的编制工作的通知》《关于切实做好退耕还湿和湿地生态效益补偿试点等工作的通知》也相继规定湿地生态补偿的补偿对象、方式等;而在地方立法中,《浙江省湿地保护条例》《湖南省湿地保护条例》《广东省湿地保护条例》《河南省湿地保护条例》《山东省湿地保护办法》等多省市立法均规定了湿地生态补偿法律制度,武汉市还直接出台了《武汉市湿地自然保护区生态补偿暂行办法》。具体到青岛市,《青岛市湿地保护条例》中明确规定了应当建立生态保护补偿制度,在生态补偿资金的管理方面,也出台了《青岛市生态补偿奖励补助资金管理办法》《青岛市农业生态补偿资金管理办法》等相关文件。

在实践层面,自2009年中央一号文件提出"启动湿地生态效益补偿试点"开始,我国已在多地进行了湿地生态补偿的试点,如福建闽江、云南拉市海、湖北洪湖湿地自然保护区、三江平原湿地、甘肃张掖、江苏盐城等,青岛市也积极展开湿地生态补偿,探索实施"湿地银行"制度。我国从中央到地方政府对湿地生态补偿都投入了大量的人力、物力和财力。

二、湿地生态补偿研究评价

以湿地生态补偿为主题在中国知网进行检索,共有472条结果,看似文献很多,但是通过对文献的分析,笔者发现,除了一部分的新闻报道,大部分文章针对的都是某一区域湿地生态补偿研究。既然是针对某一特定湿地区域,这就意味着此处与他处的湿地生态补偿既存在共性但也存在特性,其所得出的结论并不能贸然地用于湿地生态补偿制度的整体构建。

以ecological compensation为关键词在EBSCOhost期刊全文数据库可检索出574篇文章,但在这些文章中除了一部分来自中国外,相当一部分并不属于我国生态补偿的范畴。以ecosystem services为关键词共检索出37 478

篇文章，以ecosystem services and wetland为关键词共检索出文章2 592篇，通过对这些文章进行比较，可以看出国外文献中与我国生态补偿内涵相一致的更多的是生态系统服务方面的文章，例如2016年发表于*PLoS ONE*的"Uncertainty of Monetary Valued Ecosystem Services–Value Transfer Functions for Global Mapping"，2016年发表于*PLoS ONE*的"Evaluating Payments for Environmental Services: Methodological Challenges"，2015年发表于*Progress in Human Geography*的"Reconceptualizing Ecosystem Services: Possibilities for Cultivating and Valuing the Ethics and Practices of Care"，2015年发表于*Polish Journal of Environmental Studies*的"Ecological Compensation Standards of Wetland Restoration Projects"，2015年发表于*Development and Change*的"Emerging Markets for Nature and Challenges for the Ecosystem Service Approach"，2014年发表于*Journal of Environmental Planning and Management*的"Measuring and Managing Ecosystem Goods and Services in Changing Landscapes: A South-East Australian Perspective"，2014年发表于*Polish Journal of Environmental Studies*的"Value of Ecosystem Services in Mountain National Parks. Case Study of Velká Fatra National Park (Slovakia)"，2013年发表于*Development Southern Africa*的"Payment for Ecosystem Services through Renewable Energy Generation to Promote Community-Based Natural Resource Management in the Blyde in South Africa"，2013年发表于*Agricultural and Resource Economics Review*的"Tradeoffs among Ecosystem Services, Performance Certainty, and Cost-Efficiency in Implementation of the Chesapeake Bay Total Maximum Daily Load"，2012年发表于*Development and Change*的"The Contradictory Logic of Global Ecosystem Services Markets"，2011年发表于*Austral Ecology Disturbance*的"Species Loss and Compensation: Wildfire and Grazing Effects on the Avian Community and its Food Supply in the Serengeti Ecosystem, Tanzania"。

通过对国内外文献的梳理，可以看出从国内到国际，（湿地）生态补偿是多学科研究，其涉及法学、管理学、经济学、生态学、理学等不同领域。这说明湿地生态补偿制度的建立需要整合多学科的知识，但由于不同学科研究方法不同，研究对象不同，导致现有研究结果比较分散，即使是湿地生态补偿中的某一环节，如补偿方式、补偿标准，也由于学科不同而导致关注点不同。上述文献虽然不乏佳作，但无法给湿地生态补偿对策研究提供足够的理论支撑。而且，从现有文献来看，其论证也往往流于表面。总体而言，目前湿地生态补偿方面的文献主要存在以下问题。

（一）生态补偿界定不清

事实上，这不仅仅是湿地生态补偿文献中所出现的问题，在所有涉及生态补偿的文献中，关于何为生态补偿，学界并未达成一致。而这种不一致导致了湿地生态补偿的各个环节，例如补偿主体、补偿方式、补偿标准的不一致。目前，学界关于何为生态补偿的争议主要在于生态补偿是正外部性的内部化还是既包括正外部性也包括负外部性的内部化。尽管很多学者提出了广义和狭义的理解，但是落实到国家制度层面，我们还是要进行选择。这种选择一方面要与国际接轨，借鉴国外的经验；另一方面也要考虑本国的制度体系，避免与现有的成熟制度冲突。

（二）湿地生态补偿主体模糊

湿地生态补偿是对利益相关方的利益平衡，此处的利益相关方，本文主要探讨补偿主体和受偿主体。

对于补偿主体而言，由于生态系统服务所呈现出来的公共产品或准公共产品属性，补偿主体作为提供者，当出现为生态系统服务而做出牺牲或进行有益建设者时，政府当然是补偿主体。关于市场主导式湿地生态补偿制度的研究较少，这导致个人、企业等补偿主体地位论证的缺乏。

对于受偿主体而言，现有文献也仅是在表面上给予了列举，但是这些主体可成为受偿主体的原因则缺乏研究。现有很多文献都不约而同地将生态补偿视作对人的补偿和对生态的补偿。但是生态的地位如何则没有进行论证。本文也承认是对二者的补偿，但是当其反映在法学时，生态系统的地位必须放在法学范式下进行表达，但这些很少在现有文献中出现。

（三）现有理论基础未能有效支撑湿地生态补偿对策的研究

通过对现行文献进行分析，湿地生态补偿的理论基础无外乎从生态学、经济学和法学层面来寻找。生态学的理论虽然承认生态系统的生态功能，但是其对经济和社会的影响并不属于生态学研究的范畴。而理论基础中最为重要的是经济学的外部性理论，然而外部性理论的最大问题是并没有全面考量生态系统的价值，其更多的是将正或负外部性转化成一定的经济价值进行内部化，至于法学理论无论是环境正义还是权利义务相统一理论，其实更多的是解释受益者和受损者应该补偿，但是怎么补偿却无法解决。湿地生态补偿是在现行多方主体利益冲突的情况下，实现经济、社会和生态效益相统一的新型环境管理模式下的制度选择，其应建立在生态系统整体价值得到关注的基础上，很明显现行理论并没有体现这一点。

（四）生态补偿方式单一

目前学界更关注的是政府主导模式的补偿方式，政府转移支付制度、生态补偿基金是探讨的热点，而政策补偿、技术补偿这些更为契合可持续发展理念的补偿方式却没有得到详细的论证。由于市场失灵，政府主导模式生态补偿方式是最重要的补偿方式，但是政府失灵的不可避免，也使政府在湿地生态补偿制度中不能一直发挥有效作用。而市场主导模式可以规避政府模式的缺陷，在相应产权明晰的情况下，市场主导模式更可以调动相关主体的主动性，使其更积极地促进可持续发展。

当然，市场主导模式也存在许多问题，交易费用、谈判成本、市场信息、生态系统服务的产权界定以及配置等一系列的困扰都成为市场主导模式实施的障碍，但存在困扰并不意味着放弃，只有政府和市场双驱模式才能更好地发挥湿地生态补偿的作用。很明显，现行文献对于市场主导模式可行性如何，采用何种方式，在什么范围采取该类型的方式的研究几乎空白。

（五）补偿标准不合理

补偿标准是生态补偿中至为重要的一个环节，其直接涉及各方利益的获得或损失，确定的是“补偿多少”的问题。从表面上看，其似乎只是一科学问题，现有的关于补偿标准的文章，很多涉及的都是如何基于生态系统服务的价值（包括基于周围农户的受偿意愿而运用不同的计量方法和模型，例如市场价值法、机会成本法、影子工程法、回复费用法、旅行费用法、条件价值法、排序Logistic回归模型）来进行核算，这是经济学的视角。然而在法学视角下，补偿标准的确定不只是科学核算的过程，还是价值判断的过程。这是因为：一方面核算方法本身并非完全正确，国际上一直存在依据上述方法所计算的补偿标准远远低于生态系统服务价值，这些核算方法本身的科学性还有待商榷的论断；另一方面，政府在选择补偿标准时，还要受补偿能力、社会发展状况等一系列社会因素的影响，这也是我国往往仅将根据上述方法计算出来的数值作为参考，或者将其设为上限的原因，过高的补偿标准对于补偿主体而言，不具有经济上的可行性，也不利于我国社会经济的发展。

但是政府在确定补偿标准时，可能会出现由于政府失灵等原因，相关利益群体利益被忽视的情况，因此在补偿标准确定过程中，应引入公众参与以尽可能地实现各方利益的统一。但是在现有文献中，关于补偿标准确定过程中的公众参与制度的研究却几乎没有。

（六）生态系统服务及相关概念使用混乱

在我国现有文献中，生态系统功能、生态系统服务、生态系统服务功能三个概念使用非常混乱，三者之间的关系并未得到厘清。而引起混乱的原因主要是翻译出现问题，而且在“生态系统服务功能”错误翻译的基础上还出现了不同解释，所以，此方面的文献虽然不少，却无法得到有效利用。

（七）湿地生态补偿特殊性未能体现

本书研究的是湿地生态补偿对策，但这并不意味着其与其他生态补偿对策截然不同，其是生态补偿制度在湿地领域的运用，因此，一些生态补偿的基本理论仍然适用于湿地生态补偿。但是由于湿地生态补偿适用领域是湿地，而湿地与其他的生态要素或系统存在明显的不同之处，因此，湿地生态补偿制度与其他生态补偿制度存在共性，但适用对象不同导致其存在特性。

三、研究方法

（一）多学科分析法

湿地生态补偿属于生态学、经济学、法学、管理学、伦理学等多学科共同研究的范畴。多学科的研究并不意味着在任何问题上，多学科结论的简单相加。事实上，不同学科由于研究方法、研究对象、研究角度的不同，在对同一问题进行分析时，关注的焦点也有所不同，例如法学的公平和经济学的效率一直在某种意义上是一对对立的范畴。因此多学科的研究应对问题进行整合，其内容大致包括方法交叉、理论借鉴、问题拉动、文化交融四个层次。[①]而这一点在湿地生态补偿对策研究中尤为突出，湿地生态补偿对策的研究不仅要关注生态学意义上生态系统整体生态价值，也要考量其经济价值和社会价值，实现多价值的统一。

（二）比较分析法

我国湿地生态补偿对策多关注的是政府主导型补偿模式，虽然此模式是最主要的模式，但是在产权清晰的情况下，市场主导模式在效率理念的体现上也有不可比拟的优势，因此本文在借鉴美国湿地缓解银行制度的基础上，根据我国的国情构建我国的相关制度。

（三）文献分析法

通过梳理相关文献，全面掌握湿地生态补偿研究成果，分析目前研究

---

① 刘啸霆.当代跨学科性科学研究的“式”与“法”［N］.光明日报（理论版），2006-04-06（3）.

存在的缺陷与空白，并在此基础之上，针对存在的问题，例如主体、补偿标准、补偿方式，展开深入论证，缩小学理、立法与现实之间的差距。

四、理论和现实意义

（一）理论意义

从现实来看，随着人对自己认识的加深，人与自然的关系发生了本质上的改变，经过了人服从自然、人征服自然，再到人与自然和平共处的阶段。然而，由于人的“自利”本性以及对自然认识的不彻底，人往往不自觉地对自然采取一系列破坏行为，所以生态补偿成为各界关注的焦点。但是在三大生态系统中，森林、海洋与人之间的联系从表面上看更为密切，所以二者的生态补偿所受关注要远远高于湿地，但是随着湿地价值的显现，湿地生态补偿越来越受到重视。但是通过对现有成果的梳理，我们发现湿地生态补偿相关理论探讨并不完善，本文致力于解决以下几个问题，以期丰富相关的研究成果，为青岛市湿地生态补偿对策研究提供一定的参考。

第一，补偿主体与受偿主体的明确。政府是最主要的补偿主体这一点毋庸置疑，但是其他主体是否只作为受偿主体存在，这在已有文献中并没有进行详细论证。补偿主体与受偿主体的明确是解决权利义务的依附问题，主体的不确定必然带来权利义务分配出现问题，不利于湿地的保护和利用。

第二，补偿标准的确定。湿地生态补偿标准的确定既是科学问题也是价值判断和政策选择问题。所以一方面，我们应运用现有公式进行核算；另一方面，科学核算的结果并不能直接用来确定补偿标准，科学自身的不确定性、与经济发展的相适应性、政府失灵的考量都要求政府在进行补偿标准选择时，需引进公众参与来平衡多方利益。

第三，补偿方式的多样化。我国湿地生态补偿方式关注的是政府主导型的资金补偿，而资金补偿虽然可以对受损人进行补偿，但却受资金不足的限制，而且资金往往也不足以激发相关利益主体的积极性，因此应丰富补偿方式，从而使各方相关利益主体的积极性得以发挥，促进可持续发展。

（二）现实意义

湿地急剧退化以及人们生存权、发展权实现需求之间的对抗要求国家对湿地不能僵硬地管理，无视相关利益主体的生存权、发展权，但也不能一味考虑人们生存权、发展权而不考虑人们的环境权。人们对待湿地的正确态度应是平衡生存、发展、环境利益之间的冲突，对湿地进行合理利用。湿地生态补偿对策正是基于公平和效率的原则，调整相关利益主体的有效手段。我国各地已展开湿地生态补偿试点，取得了很大的进步，但是由于理论的缺失，现行实践存在种种问题。而这些问题如何解决，目前并没有相应的法律依据，因此青岛市湿地生态补偿对策的研究可以为实践提供一定的参考，并促进相关法律的出台。

DI YI ZHANG

第一章 湿地生态补偿的基本范畴

第一节　湿地的立法界定

湿地，英文为wetland，仅从单词的外在结构上看是湿的土地，当然对其界定并不能如此草率。湿地的界定应是一科学的过程，在生态学上，湿地定义"虽然各有侧重，但基本都从水、土、植物3个要素出发，界定了多水（积水或饱和）、独特的土壤和适水的生物活动是湿地的基本要素。湿地具有的特殊性质——积水或淹水土壤、厌氧条件和相应的动植物，在本质特征上是既不同于陆地系统也不同于水体系统的独特的系统"①。然而当湿地进入到立法当中，对其保护和管理需要由法律来加以调整时，此概念的界定必然要带上价值判断，必须考虑到合理可接受性，不仅是生态，也包括经济、社会综合因素的考量，具体到某个国家，也就是各国需要对湿地进行保护和管理时，湿地范围的界定需要国家依其具体国情来进行选择，这也是为什么各国立法对湿地界定不尽相同的原因。

一、国际立法中的湿地界定

（一）《关于特别是作为水禽栖息地的国际重要湿地公约》

《关于特别是作为水禽栖息地的国际重要湿地公约》（简称《湿地公约》）自1971年缔结至今已有160多个缔约国，我国于1992年就加入了该公约。《湿地公约》经过多次修正，最终将湿地界定为"天然或人造，永久或

① 吕宪国.湿地生态系统保护与管理［M］.北京：化学工业出版社，2004：4.

暂时之死水或流水、淡水、微咸或咸水沼泽地、泥炭地或水域，包括低潮时水深不超过6米的海水域，此外湿地还包括与湿地毗邻的河岸和海岸地区，以及位于湿地内的岛屿或低潮时水深超过6米的海洋水体”[①]。湿地的定位从水禽栖息地向多种价值共存的生态系统发展，其价值不仅在于维护生物多样性，也在于为人类福祉做出贡献。因此《湿地公约》的核心理念不仅在于湿地保护，还在于湿地的合理利用。而到2005年“湿地的合理利用”定义被修改为在可持续发展的前提下，通过应用生态系统途径来维护湿地的生态特征[②]。《湿地公约》还建立了湿地分类系统，包括42种湿地类型。[③]由于缔约国众多，该湿地概念被认为是较为权威的概念，目前几乎所有缔约国都在其基础上定义或直接引用该定义，同时该概念也对非缔约国产生了重大影响。

（二）美国

从现有文献看，1956年美国鱼类和野生动物保护组织在第39号通知中将湿地定义为被暂时的、间歇的或永久性的浅水层覆盖的低地，后又被修正为湿地是指陆地生态系统和水域系统之间的过渡区，其地下水位通常达到或接近地表或处于浅水的淹覆状态[④]。从联邦立法来看，湿地并没有被明确地界定，而是散见于部门或州环境立法以及相关的判例中，这种状况直至《清洁水法》出台才有所改变，其将湿地定义为“地表周期性或永久性被地表水淹没或浸没的地区，符合典型的湿生植物的生长条件。一般包括沼泽、湿草地、泥炭地和其他相似的区域”[⑤]。而在州立法层面上，目前已有30

---

① 党纤纤，周若祁.基于景观生态学理论的西咸渭河景观带规划设计途径探索［J］.华中建筑，2012（07）：133.

② 梅宏.滨海湿地保护法律问题研究［M］.北京：中国法制出版社，2014：30–31，33.

③ 樊清华.海南湿地生态立法保护研究［M］.广州：中山大学出版社，2013：2.

④ 樊清华.海南湿地生态立法保护研究［M］.广州：中山大学出版社，2013：3.

⑤ 张蕾，等.中国湿地保护和利用法律制度研究［M］.北京：中国林业出版社，2009：5.

多个州立法对湿地进行了界定，虽然不尽相同，因为涉及湿地的权属问题的划分，但总体而言，许多州的界定已与《清洁水法》接近。

（三）日本

日本并不存在一部专门的湿地保护法，但其在《自然公园法》《鸟兽保护及狩猎法》等多部立法中都涉及了湿地的范围，作为综合性环境保护法的《自然保护法》多处涉及湿地，虽然只是将湿地与其他自然资源并列，但在高效力的综合立法层面承认了对湿地的保护和管理。在散见的环境立法中，日本的湿地除了常见湿地类型外，划定海洋公园的海域、稀有类型的湿地等也在其范围内，可以说日本的湿地范围非常宽泛。

（四）其他

除了上述国家外，其他国家也根据自身国情对湿地进行了界定。如法国在《水法》中将湿地定义为已被开发或未被开发的永久性或者暂时性充满淡水或者咸水的土地，其《湿地行动计划》则引用了《湿地公约》的定义，采用的是演绎式定义；丹麦则具体列举了湿地保护的范围，采用的是列举式定义；而加拿大国家湿地工作组对湿地进行了抽象定义，但在实际立法中，不同法律对不同类型湿地分别进行保护。

通过对不同国家的立法介绍，我们可以看到目前湿地定义主要有演绎式、列举式和混合式。演绎式定义的优点在于强调了湿地的本质，因而受保护的湿地范围可以根据现实的需要，随时进行扩充；缺点在于概念太抽象，人们无法明确湿地的范围。列举式定义的好处是法律所要保护的湿地类型一目了然，不会出现适用难以确定的情况；缺点是范围固定，适应性差，无法随着社会的发展将新型湿地类型纳入其中，要想达到新型湿地入法保护的目标，只能通过修改现行法律或制定新的法律来进行，很明显这将花费大量的成本，包括时间成本。而且，由于滞后性，当相应法律出台时，有关湿地早已受到破坏，甚至无法恢复。而混合式定义则克服了演绎式和列举式的不足，既体现包容性又体现确定性，是较好的定义方式。

二、国内立法中的湿地界定

受科技、经济发展等多方因素限制，湿地的功能和价值在相当长的一段时间内并未进入我国政策立法的视线。国内“湿地”官方概念最早出现于1987年发布的《中国自然保护纲要》，但此时湿地并没有得到综合性保护，而是就其相关要素散见于不同的环境保护立法当中，不是将其作为陆地系统就是将其作为水体系统，通过土地、水域等自然资源载体来间接加以保护，湿地的整体功能和价值没有为立法所重视。1992年中国加入《湿地公约》后，湿地的重要性才开始逐渐为我国立法所承认，例如《自然保护区条例》《海洋环境保护法》等。在全国湿地综合立法缺乏的情况下，地方也从1992年起，开始对湿地保护进行立法。这极大推进了湿地保护的实践。但总体而言，地方立法并没有对湿地保护和管理进行详细规定，虽然存在对重要特殊湿地进行保护的情况，但这并不具有普遍性。国家林业局2013年发布的《湿地保护管理规定》第二条对湿地进行了明确的混合式定义[①]，既包括湿地的抽象定义也包括明确的列举类型，对于具有类型多样、分布广泛、位置复杂、边界不清等多种特征的湿地而言，该方式是达到容易把握和适应发展之间平衡的最佳选择。至于立法所列的自然湿地和人工湿地的具体类型的范围，按照《湿地公约》的分类系统看，其中的“32类天然湿地和9类人工湿地在中国均有分布”[②]。

---

①《湿地保护管理规定》第二条.本规定所称湿地，是指常年或者季节性积水地带、水域和低潮时水深不超过6米的海域，包括沼泽湿地、湖泊湿地、河流湿地、滨海湿地等自然湿地，以及重点保护野生动物栖息地或者重点保护野生植物原生地等人工湿地.

② 樊清华.海南湿地生态立法保护研究［M］.广州：中山大学出版社，2013：9.

第二节　生态补偿的多维度分析[①]

随着人对自身认识的加深，人与自然的关系发生了本质的改变，从人服从自然、人征服自然，到人与自然和平共处。然而，由于人的“自利”本性以及对自然认识的不彻底，人往往自觉不自觉地对自然采取了一系列破坏行为。在如何缓解环境保护与经济发展、社会稳定之间矛盾的背景下，生态补偿成为各界关注的焦点。生态补偿是多学科研究，涉及法学、经济学、生态学等不同领域，由于各学科研究方法、研究对象以及追求价值不同，现有的研究成果无法互为借鉴，本节在对其他学科研究的基础之上，从法学的视角对生态补偿进行界定。

一、生态学视角下的生态补偿

“生态学意义上的生态补偿概念……是生态系统本身对外界干扰的一种自我恢复能力。”[②]生态系统的概念由英国植物生态学家A. G. Tansley提出。该概念提出后，虽然一直在调整，但是总体而言，已达成共识，即生态系统是一定空间范围内，由生物群与其环境所组成，具有一定格局，借助于功能流（物种流、能量流、物质流、信息流和价值流）而形成的稳态系

① 本节内容已于2019年发表在《中国水运》上，收录时有修改。

② 李小强，史玉成.生态补偿的概念辨析与制度建设进路——以生态利益的类型化为视角［J］.华北理工大学学报（社会科学版），2019（02）：16.

统[1]。所以生态系统与环境不同，环境的定义必须借助于一中心事务。从法学的角度来定义环境，环境的中心为人。这一点在《环境保护法》中得到印证。环境既包括自然环境也包括人工环境，当然，二者并非截然分开，人工环境是以自然环境为依托，根据人类的生存和发展而改造的，所以二者之间并非是截然对立的。可以说，自然环境和人工环境一起构成了人类生活于其中的生态系统。生态系统不需要以人类为中心，人类在生态系统中只是其中的一个部分。

所谓干扰，既包括人为的干扰，也包括自然自身的干扰，但无论是哪种干扰，其并不以人类的视角来判断，而以生态系统的视角来判断，气候变化、海平面上升、火灾、外来物种入侵以及地壳运动是干扰，农业开垦、城市化、水利工程、采矿、道路和桥的修建、工业活动、旅游也是干扰。相应地，干扰的优劣也并非由人类来判断，干扰既可能是对人类或生态系统有害的，也可能是对人类或生态系统有利的。所以，生态学视角下的生态补偿与法学视角下的生态补偿含义相差甚远，生态学中的生态补偿是生态系统自身的恢复，其并非人类有意识的活动，尽管其中会掺杂人类的活动，会涉及人与人之间的关系，但补偿过程是生态系统—生态系统。法律，这种人为的制度在生态学的视角中，是不必要的存在，毕竟，法学中的生态补偿制度最终的落脚点是人—人，是人在面对不利于人类的干扰时，自身所做出的有意识的努力。

然而，生态系统在面对极端的自然干扰和日益严重的人为干扰时（同时，人为的不当干扰也导致极端自然干扰频发），其自我补偿能力已无法维持生态系统的平衡，此时需要人类主动参与进来。当生态系统面对自然干扰时，人类可以根据对生态系统运行规律的研究，通过一定的科学技术来促进自然的这种补偿能力，此时的补偿过程是人—生态系统（人）。当生态系统面对人为干扰时，其补偿过程就是通过对人类行为的纠正来缓解

① 蔡晓明.生态系统生态学［M］.北京：科学出版社，2000：6，8，11，12.

或消除人对生态系统的消极影响，此时的补偿过程就发生在人—人（生态系统）之间。尽管生态补偿是在自然规律的引导下，人类对生态系统所做的补偿，但是其关注点已经转移到人的身上，是通过对人的行为的控制或鼓励来达到人与生态的和谐共处，因此，随着人类对生态系统干扰的加剧，人类对自身发展模式的反思，社会科学层面对生态补偿的研究开始为人所重视，主要包括经济学视角和法学视角的研究。

二、经济学视角下的生态补偿

经济学研究的是当资源远远不能满足需求时，人们如何将资源在相互竞争的需求中进行有效配置，从而增加和创造财富，使人们以最小的成本获得最大的收益，需要得到最大的满足。经济学追求的是效率，研究的是在社会经济活动中人与人之间的关系，是人们在稀缺资源与多用途需求之间的选择。在经济学视角下的生态补偿研究自然也摆脱不了经济模型和价值追求。

在环境经济学的研究中，人对生态系统的补偿是因为环境与经济是紧密联系在一起的，经济利益的实现需要保护环境，也会污染环境。离开了环境的支持，经济也将无以为继。环境问题就是经济问题，环境为人类提供了资源也接纳了人类的废弃物，但是当经济快速发展，人与环境无法协调时，大量的环境问题产生，可以说环境污染和生态破坏是经济发展的产物，其反过来又限制了经济的增长，但是环境问题的解决必然还是要依赖于经济的发展和科技的进步。所以为了追求效率的最大化，获得最大限度的资源，人类必须进行生态补偿。然而经济学界对生态补偿也存在两个层面的界定。一是修复劳务成为双方交易的标的，劳务的接收方需要给予相应的报酬；二是从外部性内部化的角度来定义生态补偿，让购买生态保护产品的消费者支付相应费用，从而激励生态产品的生产者从事有利于生态保护的工作。

所以，从现有的生态补偿概念来看，生态补偿的范围是不一样的。一种是对人行为的补偿，也就是说生态补偿的产生是为了应对外部经济性和外部不经济性，而对行为的规制和补偿，是双方交换的结果，其并不涉及对生态系统的补偿。而另一类不仅包括对人的补偿也包括对生态系统的补偿，不仅使私人的经济利益得到满足，也使社会的生态公益得到实现。但是这样一种列举的定义方式更多的是将分属不同层面的“补偿形式”放在一起，而且经济学的生态补偿理论具有功利性色彩，缺少人文关怀以及对于生态补偿的存在依据也缺少根基性的审视[①]。其并没有真正揭示生态补偿的本质。经济学视角下的生态补偿概念是法学视角下生态补偿概念界定的重要基础，其概念界定的不清，也导致了法学上概念的模糊。

三、法学视角下的生态补偿

（一）法学界对于生态补偿概念的界定

法学视角下的生态补偿的概念自然是要借鉴经济学上的概念，甚至在有些文献中，直接引用经济学的生态补偿概念，没有经过法学语言的转化。但“效率”优先，以外部性内在化为研究目的的环境经济学的人性标准是追求自身利益最大化的“经济人”，关注的是可持续增长，其以个人为本位，其理性是经济理性，经济学视角下的生态补偿与以“生态理性经济人”为人性标准、以整体主义为本位、以公平为理念的法学视角下的生态补偿概念相比，既存在一定的继承性，又存在独特性，而且法学制度要以权利义务为中心，还要考量其与其他法律制度的衔接性，具有其独特的调整关系，否则各项法律制度混淆在一起，不仅为法律适用带来不便，也浪费了法律资源。所以法学层面的生态补偿是当新的生态利益出现，其如何与旧有的经济利益互相协调，其如何在不同的利益相关者之间进行权利、义务、责任重新配置的过程。当然以权利义务为中心，还必须要解决利益

① 严海，刘晓莉.草原生态补偿的理论蕴含——以生态管理契约正义为视角［J］.广西社会科学，2018（10）：108.

相关者的主体地位问题，因为只有相关主体地位确定后，相关的权利、义务、责任才能明确，或者说，主体是权利、义务、责任所要依附的关键。否则主体地位的不清晰，主体责、权、利不清，就只能任由“悲剧”发生。广义上的生态补偿实际上是将环境保护中相当大一部分制度都纳入了生态补偿的范畴。对此，学界或赞同或修正。通过对各位学者观点的研究，可以看出，法学界对生态补偿的含义并未达成一致。事实上，当一项新的法律制度产生时，肯定是因为旧有制度无法解决新利益的保护问题，如果旧有制度能为新型利益提供保护，新制度没有产生的必要。因此当我们去定义生态补偿制度时需要将其与现有的制度进行划分，避免出现生态补偿制度包括多项现有制度，容纳性过强导致其失去特性。从现有的观点看，学者们的分歧主要在于：环境影响（污染）和生态破坏所导致的生态系统损害的补偿是否属于生态补偿的范畴。具体到制度上即排污权交易制度、排污收费制度和自然资源有偿使用制度是否属于生态补偿制度范畴。

（二）对现有观点的反思

1. 环境影响与生态破坏

此处用环境影响，而非环境污染，是因为环境污染的范围过小。首先，根据我国《水污染防治法》第一百零二条规定，环境污染依据污染物性质不同，可分为化学性污染、生物性污染和物理性污染。污染具有污染后果中存在“环境质量恶化”的否定性评价以及污染物是外在于环境要素的有害物质的特征。然而，这一概念在实际生活中遇到了挑战。以大气为例，大气本身的组成物质二氧化碳是否是污染物？大气经过长期的演化，其组成成分之间的比例基本上是维持不变的，但是随着人类对自然的“征服”，这个比例平衡开始被打破，随着对能源需求量的增多，二氧化碳的含量相应增加。然而二氧化碳是否是污染物，目前《大气污染防治法》中并没有给出明确答案。但依目前法律对污染物的界定看，污染物都是外在物质。像细颗粒物（PM2.5）是排进大气中的外来物质而非其本身固有成分，其应是有害的但非一定有毒。而二氧化碳则不同，其是大气的固有成分，也是不可或缺的成分，同时二氧化碳的作用既有正面的又有负面的[①]，所以二氧化碳虽然不是外来有害物质，但浓度过高，也会对人造成损害。根据立法对污染物的界定，笔者认为将二氧化碳界定为污染物是不合适的。第一，其并非天然有害；第二，也不利于我国在国际上的发展，因为发展与二氧化碳排放之间存在着直接联系，我国如果承担了过高的减排义务，将对我国经济发展造成极大影响，所以二氧化碳应界定为环境影响物而非污染物[②]。相应的，人对清洁空气的需求并非仅针对污染物，还应包括环境影响物质，这也是为何德国《环境责任法》中弃用了“环境污染”而采用“环境影响”的原因之一。

其次，从文义解释看，环境污染并非与生态破坏泾渭分明，“二者之间经常同时产生，互有转换，但是二者在本质上存在不同，一般而言，污染所排放的物质或者能量是直接有害的，而破坏中的物质和能量并不一定直接有害，其更多体现的是一种间接的危害”[③]，也可能是直接对环境资源的索取或对环境的改造而间接地危害到环境。无论是从环境法学还是环境科学，甚至人之日常用语，环境污染都无法涵盖生态破坏。虽然环境污染和生态破坏本质不同，但是生态破坏与环境污染一样，在对人（往往是不特定的多数人）造成损害的同时，亦造成了环境的损害，无论是否以环境为媒介。从侵害过程看，侵害过程具有时空延展性、潜伏性和复合性；从致害机理看，往往具有高科技性、专业性和结论科学不确定性的特点；从价值判断上看，侵害行为往往具有社会发展正当性，责任的分配是利益衡量的结果。

---

① 胡苑，郑少华.从威权管制到社会治理——关于修订《大气污染防治法》的几点思考［J］.现代法学，2010（06）：151.

② 常纪文.二氧化碳的排放控制与《大气污染防治法》的修订［J］. 法学杂志，2009（05）：76.

③ 吕忠梅，等.侵害与救济：环境友好型社会中的法治基础［M］.北京：法律出版社，2012：67.

2. 相关法律制度的考量

从现有的环境法律制度看，关于环境影响和生态破坏的经济制度主要包括排污权交易、排污收费、碳汇交易、自然资源有偿使用制度，前三者涉及环境影响，后一者涉及生态破坏。很明显这些经济制度设立的目的是为了让行为者就自己损害和利用环境的行为付出代价，使成本由个人承担而不是转化为社会成本，以体现公平的理念。但是要注意的是这四项制度都存在一共同点，那就是其制度的设立都是建立在承认自然的经济价值基础之上。

长期以来，自然对于人类而言是资源的供应者和废物的容纳者，但随着人类科技的进步，其在自然中的活动开始超出生态阈值的范围，生态阈值意味着只有在该阈值范围内，生态系统服务可以与人类利用并存，否则生态系统服务将无法支撑人类对自然的合理利用。生态系统功能和服务开始进入人们的视野，其具体包括供给、调节、美学享受、支持等服务，具体到利益层面上，自然对人需求的满足不仅在于经济层面还在于生态层面。也就是说，体现在同一自然资源之上的是生态利益和经济利益的统一。

人类长期以来所关注的是经济利益，这是因为人的活动长期以来没有超出生态阈值的范围，随着人类改造自然能力的加强，生态阈值频频被突破，自然的生态利益开始走入法律的视线，生态补偿制度就是在这一背景下产生的。所以生态利益受损是设立的前提。但是正是由于生态利益和经济利益同时体现在同一载体之上，学界对于生态补偿的界定产生了混乱，事实上生态补偿关注的是生态利益与经济利益的平衡，而上述几项制度更为关注的是资源的经济利益，尽管其会产生一定的环境保护效果。因此，将这几项制度也纳入生态补偿的范畴，那无疑将使生态补偿陷于一自身定位不清晰的困境，这也是生态补偿始终无法明确的最关键原因。所以环境影响和生态破坏所带来的外部不经济性内在化的排污权交易、排污收费、碳汇交易、自然资源有偿使用制度不应纳入生态补偿的范畴，但是在自然开发利用过程中为避免生态系统功能的退化，还存在设计目的在于保护生态利益而非经济利益的制度，例如生态旅游和湿地缓解制度，这些属于生态补偿的范畴。但是要注意的是，“补偿”一词，在我国立法和法理中，有其特有含义，指的是对合法行为所造成的损失给予的救济，所以生态补偿应局限于合法行为所引起的补偿中，贡献行为自然是合法的，开发行为也应为合法的开发行为。

通过对上述制度的分析，将现有重合制度从生态补偿中剥离出去，使其具有独立的内涵。同时由于法学视角下的生态补偿概念必须落实于人与人之间的社会关系，而且由于法学的价值追求与经济学的价值追求并不完全重合，因此，法学视角下生态补偿的概念必须是在法学的基本范畴内进行定义，其与生态学上的概念截然不同，其关注的是人的行为。所以法学视角下的生态补偿应是为了维持生态系统动态平衡的能力，为了保障公众的健康，促进经济社会的可持续发展，生态系统服务的受益者按照法定的方式向生态系统服务的提供者进行补偿的制度。

第三节　生态补偿与相关概念的厘清

一、生态补偿与行政补偿

（一）行政补偿概述

1. 行政补偿的缘起和理论基础

目前学界存在一种观点，认为生态补偿属于行政补偿的范畴。因此要想判断生态补偿是否属于行政补偿，首先要对行政补偿进行界定。事实上我国对于行政补偿的研究是比较晚的，这是因为行政补偿是对国家权力和个人私益进行衡量的一种制度，甚至可以说正是为了保护个人权利才产生行政补偿。行政补偿必须建立在个人私利与社会公益能够相抗衡的法治背景下。随着我国对个人权利的重视,《宪法》《民法典》等一系列法律纷纷加大对个人权利的保护，行政补偿才在我国学界被重视起来。

目前学界关于行政补偿并未形成统一的概念，学者研究各有侧重。通过对各国行政补偿的缘起、内容进行考察，就会发现行政补偿主要涉及两个层面，一是私权的保护，一是公权的限制。可以说,“行政补偿以宪法、法律为根据，以宪政国家为社会基础，调整法律授予的公权强势与私权弱势的利益平衡。这就是行政补偿内容上的本质属性”[①]。法治和宪政对公权与私权的平衡思想“起源于古典自由主义的法律学说，这种观点不仅把法律看成是对自由的约束，而且把法律看作是对自由的保障。对洛克这样的自然权利哲学家来说，这种更高的法律包括自然秩序下属于一切人的基本权利，这些权利对于人的生存至为重要，不仅不能让渡，而且自动构成对于统治者的行为的限制”[②]。

为了证明行政补偿的正当性，在行政补偿制度的历史沿革中，学者们提出了不同的理论学说，主要包括特别牺牲说、结果责任说、人权保障论、社会协作论、公共负担平等说等，不同学说的侧重点是不同的。

（1）特别牺牲说。随着社会事务的增多，国家定位开始发生转变，服务型政府的定位要求国家采取积极措施以实现社会公益的职能，如果合法的行政行为会给特定的、无义务相对人带来合法权益的损害，那这是该特定人为社会公益所做出的特别牺牲，这一牺牲不应由特定相对人来承担，应由公众共同承担，给予牺牲者补偿，方为法律之公平正义理念。

（2）公共负担平等说。国家为了实现社会公益，使某些特定人承担了

① 夏军.论行政补偿制度［M］.武汉：中国地质大学出版社，2007：5.

② 沈开举.行政补偿法研究［M］.北京：法律出版社，2004：1.

额外的损失或负担，该负担基于社会整体利益而产生，自然应由社会平等来负担，而不应由个体来承担。

（3）结果责任说。无论行政主体行为是合法行为还是违法行为，主观上是故意还是过失，只要对相对人的合法权益造成了侵害，就应该承担起补偿或赔偿的责任，受害人是无过错的。只不过违法行为导致的是行政赔偿责任，而合法行为导致的是行政补偿责任。

（4）社会协作论。国家和法律的基础在于社会成员之间的相互协作，因此当社会成员之间的利益互有对立时，需要分清社会公益和个人私益之间的关系，当国家为了社会公益不得不合法地侵害某些特定人的私益时，特定人的私益应该被放弃，但是其所受到的侵害应该得到补偿。

（5）人权保障论。保障人权是民主国家的基本目标和重要任务之一，当公民受到私主体之侵害时，国家有责任为其提供保护；而当公民受到公主体之侵害时，国家当然更应该为其提供保护，使其受到补偿或赔偿。①

通过介绍不同学说，我们可以看出每种学说都有其合理之处，但也存在缺陷，例如，社会协作论、人权保障论并不仅限于行政补偿，特别牺牲说要以公共负担平等说来衡量，结果责任论只适用于特定类型行政补偿，相较而言公共负担平等说要更为合适一些，但是在此基础之上还要解释为什么公众享有合法权益，所以还要结合人权保障论方能完整地解释行政补偿的理论基础。

2. 行政补偿的界定

通过上述学说的考察，我们可以发现，其存在共性：第一，行政行为必须是出于公益的考量；第二，必须是合法的行政行为；第三，侵害必然会产生。但其也存在差异。第一，侵害主体范围不同。有学者认为只能是行政机关及其工作人员的行为才能引起行政补偿，而有的则认为国家机关甚至公共团体及其工作人员的行为都可引起行政补偿。第二，行政行为

① 张梓太，吴卫星.行政补偿理论分析［J］.法学，2003（08）：47.

的范围不同。大部分学者认为所涉行政行为只是具体行政行为，也有学者认为实现公益所实施的合法行为，包括行政事实行为，都可能引起行政补偿。第三，补偿范围不同。有学者认为只有财产权的损失才能获得补偿，而有的则认为人身和财产权的损失都属于补偿的范畴。第四，补偿方式不同。有学者认为补偿方式只能是金钱补偿，而有学者则认为不限于此，还包括政策等方面的补偿。①

尽管存在上述争议，但总体而言，行政补偿是指行政主体为实现社会公益之目的，合法做出行政行为，从而对公民、法人或其他组织的合法权益造成损失，而由国家给予补偿的救济制度。除此之外，一部分学者提出上述定义是狭义的行政补偿，而广义的行政补偿还包括“私人为公共利益主动实施无因管理而受到特别牺牲的补偿。也就是说，广义的行政补偿是指行政主体对于私人为公共利益所遭受的特别牺牲予以的填补与恢复”②。比照民法中的无因管理，一方主体在未受委托或无其他根据情况下为另一方主体提供了符合其客观意思的管理或服务时，管理人或服务人有权请求补偿③。因此，当私人为政府提供了符合公益的管理或服务时，其所遭受的损失应由政府来补偿。

狭义行政补偿立法主要体现在我国《宪法》第十条第三款以及第十三条第三款，从表面看，行政补偿的范畴应为财产权的损失。然而我国“《宪法》第四十一条第三款④也被许多学者认为是行政赔偿（而非行政补偿）的宪法依据。这是因为从法学层面而言，损害与赔偿相连，损失与补偿相连。而宪法第四十一条第三款则将损失与赔偿相连，那么是将损失理解为损害，还是狭义的损失，赔偿又做何解呢？根据‘国家尊重和保障

① 高景芳，赵宗更.行政补偿制度研究［M］.天津：天津大学出版社，2005：7.

② 沈开举.行政补偿法研究［M］.北京：法律出版社，2004：26.

③ 沈开举.行政补偿法研究［M］.北京：法律出版社，2004：9.

④《宪法》第四十一条第三款规定：由于国家机关和国家机关工作人员侵犯公民权利而受到损失的人，有依照法律取得赔偿的权利.

人’条款的精神看，只要侵犯了公民体现‘人权’理念的合法权益，不管是合法行政行为还是违法行政行为造成，都应得到救济，况四十一条也并未规定仅限于‘违法侵犯’，所以此处的损失应包括损害和狭义的‘损失’，自然，赔偿应包括补偿和狭义的‘赔偿’。即宪法该款规定既是行政赔偿又是行政补偿的依据”[①]。具体到《行政诉讼法》中，其第十二条第十二项也为其留下容纳空间。所以我国行政补偿立法并未限制在财产权的损失，也包括人身权的损失。而广义的行政补偿也体现在《环境保护法》第三十一条，《水污染防治法》第七条等相关立法中。

（二）行政补偿与生态补偿的联系

1. 生态补偿部分属于行政补偿

行政补偿的含义既包括狭义的合法公权力行为导致的特别牺牲补偿，也包括广义的合法公权力行为导致的特别牺牲补偿，无论广义还是狭义的行政补偿都包含一部分的政府主导型生态补偿。前者如对牺牲者的补偿，后者如国家对财产的征用和国家对财产权限制的补偿，这也是顺应了政府转型的趋势。随着社会事务的增多，政府转变为积极主动的服务者，在转型的过程中，传统单一的命令型直接管制行为已无力应对繁杂环境事务，因此间接的经济型行政行为开始出现，管制型的行政行为和经济型的行政行为结合在一起，共同应对复杂的环境保护问题，既体现了政府的效率，也体现了对公益和私益的衡量。所以，以体现权力限制和权利保护的行政补偿也扩大了其外延：国家为了实现生态公益，使某些特定人承担了额外的损失或负担，但该负担是因社会生态公益而产生，自然应由社会平等来负担，而不应由个体来承担。毕竟，保障公民生存权和发展权的实现是国家的重要任务。

2. 生态补偿具有独特性

虽然生态补偿部分属于行政补偿，但是除了政府主导型的生态补偿

---

① 张梓太，吴卫星.行政补偿理论分析［J］.法学，2003（08）：48-49.

外，还包括市场主导型的生态补偿，而后者并不在行政补偿的范畴之内，即使是政府主导型行政补偿，也由于其产生历史原因的特殊性，导致了其相较于传统行政补偿具有了独特性。总体而言包括以下几点。

（1）主体独特性。狭义行政补偿中的补偿主体是实施以公益目的而合法施行行政行为的行政主体及其工作人员，而受偿主体则是合法权益受到损害的公民、法人或其他组织，而生态补偿的补偿主体既包括行政主体，例如政府，也包括非行政主体，例如自然人、法人、非法人，而受偿主体既包括行政主体，例如地方政府、管理机关，也包括非行政主体，例如自然人、法人、非法人。

（2）补偿形式独特性。行政补偿的主要形式是金钱补偿，但也有学者认为包括政策补偿，生态补偿则包括金钱补偿、实物补偿、技术补偿、政策补偿。

（3）补偿对象独特性。行政补偿补偿的是私主体的财产权和人身权的损失，而生态补偿则补偿的是生态系统服务提供者的损失，既有私益又有公益的损失。

（4）补偿原则独特性。补偿原则涉及两个方面，一是补偿的额度，一是补偿的时限。对于行政补偿而言，其补偿的额度经历了完全补偿说、相当补偿说和公平补偿说的过程。所谓完全补偿说即“补偿必须将不平等还原为平等，即对于所产生损失的全部进行补偿”[①]。也就是说，因合法行政行为所导致的私人权益损害应全部受到补偿。相当补偿说是“鉴于收夺财产权公共目的的性质，正当补偿只须为妥当或合理补偿即可，其算定基础只要合理，就无须补偿被收用人财产实际价格的全额”[②]。而公平补偿说则并非独立于完全补偿说和相当补偿说，相反其是在衡量社会公益和个人私

① 桥本公亘.宪法上的补偿和政策上的补偿［A］.//成田赖明.行政法的争点.东京：有斐阁，1980：177.

② 王太高.行政补偿制度研究［M］.北京：北京大学出版社，2004：138.

益的基础之上，来选择是采用完全补偿说还是相当补偿说。在这一基础之上，日本学者提出了折中说，即区分完全补偿和相当补偿适用的情形，但是其区分是建立在受侵害财产多少的基础之上，这一区分标准仅仅是考虑了实际的国家承受能力，不符合“正义”的理念。因此在日本的实践中还是采用了完全补偿说。总体而言，从全世界范围看，完全补偿说逐渐为越来越多的国家所采用。

行政补偿的时效问题在全世界范围基本达成一致，那就是事先补偿。“事先补偿原则本质上是基于公共利益的需要而对特定私人利益的剥夺，目的是为了在更广泛范围内，最大限度实现私人利益。因而该原则实际上体现了现代国家基于公共利益的需要而剥夺或限制人民财产权的特定目的，所以为绝大多数国家的宪法直接或间接肯定。”①

对于生态补偿而言，其补偿额度，要从两个层面来进行限定：一是对生态系统损失的补偿，二是对因生态公益而主动做出牺牲的贡献者以及开发利用环境资源过程中生态利益受损者的补偿。先从补偿的额度来看，生态利益损失的补偿，依照目前的研究水平，例如生态系统服务的价值，尽管有多种核算方式，但是无法得出准确的结论，或者可以说在该层面上的损失更多的是经济、科技、生态等多因素的综合考量，所以其并不适用完全补偿说，而适用相当补偿说。而对后者而言，在现行的生态补偿实践中，一般适用的是相当补偿说，但也会将贡献者以后的生存问题纳入补偿范围。至于补偿时效，既存在事先补偿也存在事中补偿，这是为了更好地考虑受损者日后的生存和发展，补偿标准还需进行相应的调整，所以生态补偿往往并非一次性完成的。

---

① 王太高.行政补偿制度研究［M］.北京：北京大学出版社，2004：142.

二、生态补偿与生态损害赔偿[①]

长期以来，生态环境及生态系统服务并没有纳入人们关注的范围，生态系统只是被视作人类免费的资源库和垃圾处理场。侵害生态系统天经地义，赔偿的提起没有任何依据。然而随着生态危机的加剧，生态环境自身的价值及生态系统对人的价值渐入公众视野，但是生态公益要想进入到私法当中得到救济，受到众多质疑。毕竟私法是以私益为重心，民事救济体系是为私人之人身与财产权益而设计，环境侵权制度救济的是因环境污染或生态破坏而造成的私人之人身或财产权益的损害，至于环境侵权同时导致的生态环境公益问题，主流观点认为“环境公益问题无法纳入民法范畴，不仅会因价值冲突破坏民法的整体性，而且也不可能使环境公益问题得到妥善解决”[②]。所以，传统的侵权设计无法为生态环境公益损害提供救济。生态环境公益损害的救济一般是通过国家行使公权力手段对侵害行为进行处罚来实现。然而，行政处罚对于生态环境公益的保护，虽然具有高效性，但也存在缺陷，以罚款为例，最高上限或按日计罚往往无法弥补生态环境侵害人所造成的实际损失，所以生态环境损害赔偿制度的建立成为当务之急。

（一）生态环境损害赔偿制度的独立

通过损害赔偿的形式为生态环境提供保护，学界认为主要包括以下途径：

一是赋予自然体法律主体地位，这是直接的保护方式。虽然这种观点顺应了生态伦理的要求，但是伦理并不代表法律。首先，自然体成为法律主体突破了以主客二分为基础构建的法律体系。自然体法律主体地位的获得突破了法律理念，在法律适用中出现了种种障碍，例如自然体权利和

① 本部分内容已于2019年发表在《中国水运》上，收录时有修改。

② 吕忠梅，等.侵害与救济——环境友好型社会中的法治基础［M］.北京：法律出版社，2012：46.

义务如何分配？谁能成为其代理人？国家吗？其一，国家能否真正地知道自然体的需求？其二，国家能否代表自然体参与到大量的平等民事活动中去？很明显，现有理论无法回答上述问题。至于其他组织，连中立性都很难得到保证，何况是代表自然体。其次，在现实生活中，人与自然体的平等以及自然体与自然体之间的平等如何处理？以自然体中的动物为例，因民事主体是平权主体，那么我们是否可以继续将动物视作食物？动物相互之间是否可以作为食物？对人类有益的动物和对人类有害的动物是否应区别对待？若法律赋予动物主体地位，主体之间的平等带来的将是整个生态系统的失衡，这是因为自然遵循生态规律来运行，食物链和能量循环是维系整个生态平衡的基础，优胜劣汰、弱肉强食是自然之意。法学所体现的平等、公平等理念与自然法则存在冲突，过多地将自然法则用法学来加以改造，最终带来的不仅是法学的崩溃，也会是自然的失衡。而且濒危动物明显应得到更多的关注，这是出于维护生物多样性的需要，但这是不是一种从“契约”向“身份”的回归呢？或者说这是不是民法的倒退？

当我们将万物看成主体的时候，在没有渠道与之交流，就为其安排权利和义务的时候，人类就已经是居高临下地俯瞰众生，众生并没有参与的空间，众生不能平等地与人共同成为法律主体。因此，法律仍然是人与人之间的规则，法律调整的是人与人之间的关系，但是法律的制定要符合生态规律，不能脱离自然法则。生态伦理固然从表面上看更有利于保护环境，但是真正实施起来，由于其并不完全符合生态规律，实施的结果可能并非人类一厢情愿的美好。所以，在法律中，万物还是应居于客体的地位，只不过人与自然之间过去那种割裂的、对立的关系需要进行改变：人的主体地位需要被法律所坚持，人与自然之间的和睦相处也需要被法律所坚持。生态伦理已经开始为人们所接受，虽然程度不同，但法律对此不可能无动于衷，法律的厚度还需要伦理加以增强，法律中“人类中心主义”的理念需要进行一定程度的修改，“动物不是物”可以看成是民法对这一思潮的妥协，但这种妥协还不能在主体制度上得到体现。

二是以全民所有自然资源资产所有权的方式进行保护。我国立法对此进行了承认。但是我国现行立法中的自然资源范围相对于美国环境公共信托理论的适用范围而言要窄一些，为了更好地保护生态环境公益，自然资源的范畴应进行拓宽。全民所有自然资源资产所有权的立法承认可以使生态环境公益得到保护，一旦其被侵害，在满足相关条件下，可通过生态环境损害赔偿制度来加以救济，生态环境损害赔偿诉讼相较于环境民事公益诉讼，在诉讼资格问题上后退了半步，力求在有直接诉讼利益的情况下进行诉讼[①]。

生态环境损害在很长一段时间内并没有以独立的面貌出现，而是以各种间接的方式纳入法律之中进行保护。随着生态环境损害赔偿制度和环境公益诉讼制度的立法确认，生态环境公益可直接得到保护。

（二）生态环境损害赔偿的模式

在传统理论中，损害赔偿主要包括价值赔偿和恢复原状两种模式，但是由于“生态环境损害是一种公益性损害”[②]，这导致其赔偿模式相对于传统模式而言，既有传承的一面又有突破的一面。传统的价值赔偿意味着损害的弥补，并不会确保受害权益的继续功能，也不会维护受害人利益的完整。这一缺陷也投射到生态环境损害赔偿的损失赔偿中，环境影响（污染）或生态破坏行为造成了生态系统环境要素、生物要素的不利改变以及相应生态系统功能的退化，但这些损失很难用金钱来衡量。所以恢复原状成为优先选择，其是对整体利益的保护，而非仅关注损失的金钱赔偿。具体到生态环境损害赔偿中，生态环境修复“官方的解读倾向于认为其是恢

---

① 张梓太，李晨光.生态环境损害赔偿中的恢复责任分析——从技术到法律［J］. 南京大学学报（哲学·人文科学·社会科学），2018（04）：49.

② 卢瑶，熊友华.生态环境损害赔偿制度的理论基础和完善路径［J］. 社会科学家2019（05）：132.

复原状责任的体现”[1]。虽然在理论界，学者对其内涵和外延存在不同的认识，但是有一点能达成共识的是生态环境修复是以恢复原状为基础而进行的突破。生态环境修复在利益完整的维护方面可以发挥保护生态环境公益的功能，其相对于价值赔偿而言，在纯粹生态环境公益损害弥补方面具有无可比拟的优越性，其不仅着眼于现时的损害赔偿，更关注于未来的利益保护。只要生态环境没修复，生态系统服务仍将处于减少或丧失的状态，对于人类而言，侵害将永不会停止，生态环境修复不仅体现了对当代人的责任，也体现了对后代人的责任。

恢复原状适用必须存在如下前提：一是原物存在，若原物不存在，恢复原状就失去了适用前提；二是损害具有可恢复性，否则就失去恢复的可能；三是具有经济性，即恢复成本的数额不能过于巨大或过程过于艰难；四是恢复原状的行使必须符合公序良俗原则。但是对于生态环境修复而言，这些前提的满足并非易事。一是恢复原状困难。无论是环境影响（污染）或生态破坏，生态环境要想恢复到原来的状况，或者损害不可逆转，或者恢复代价太大，或者恢复时间过长。二是难以确定损害可恢复性的标准。环境影响（污染）和生态破坏往往是一综合性作用，牵涉到环境中各种要素，例如水、土壤、生物，因此怎样才算恢复，难以评价。从世界各国的生态环境治理经验来看，生态环境恢复耗资巨大，而且付出高昂成本并不一定能得到预期的效果，这也是司法实践中法院往往拒绝恢复原状诉讼请求的主要原因。当然，随着恢复原状内涵的扩张，生态环境修复有了其特有的含义。

首先，恢复原状是恢复到事物的原有状态，但是对于已经受到损害的生态环境，要想恢复到受损之前的状态，是非常困难的。因为生态环境受损的过程并非如传统侵权那样具有后果立现性、损害孤立性、弥补容易性

---

① 李挚萍.生态环境修复责任法律性质辨析［J］. 中国地质大学学报（社会科学版），2018（02）：50.

等特点，其更多具有的是损害迁移性、后果联系复杂性、治理科技依赖性等特点，所以生态环境损害案件中的恢复原状往往需要漫长的时间，可能在真正实现恢复原状之前，加害人及其相关权利义务继承者早已不存在，这种恢复原状对于受害人而言已无实质意义，而且生态环境的恢复状况也并非人类能依据自身感受所感知，很可能所谓的恢复只是外在形式上的恢复，其生态系统服务没有得到真正的恢复，对于受害人而言，其仍然要承受实质上的损害。所以恢复原状的判断必须要设立一定的标准，否则受害人的利益无法得到实现。在生态环境损害案件中，恢复原状不能被简单地鉴定为恢复到原有状态，而是恢复到应有状态。因为，恢复到原有状态可能无法实现或成本过高。对于这个标准，《生态环境损害鉴定评估技术指南总纲》里用基线水平来表达。

其次，虽然生态环境修复是非常复杂的过程，但随着人类科技的发展，生态环境修复技术已有明显的进步，这导致生态环境恢复成为可能。但是由于科技水平的局限和成本的考量，需要在众多技术之间寻找“最佳可得技术”。由于该技术的选择是专业性问题，可能会出现多种观点的对抗，因此，一是需要借助环境损害修复评估机制来化解受害人对恢复原状可行性及其方案承担的举证困难，可通过专业评估与鉴定机构协助完成。二是需要借助司法裁决确立修复方案时广泛征集意见的公示制度[①]。

最后，恢复原状的经济性评价问题。也就是要选择短期的经济性还是长期的经济性，是选择价值赔偿的经济性还是生态环境整体修复的经济性问题。不同的价值取向会使立法做出不同的选择。很明显，价值赔偿所花费的费用与生态环境修复所花费的费用相比要少得多，但这并不能得出在生态环境损害赔偿模式的选择上，价值赔偿应优先适用于生态环境修复的结论。这是因为生态环境的受损往往是对人类生存基础的破坏，是对人类基因的损害，其影响的是世代的人类，这无法也不能用金钱来衡量。经济

① 胡卫.环境污染侵权与恢复原状的调适［J］. 理论界，2014（12）：116-117.

性的考量并不仅仅是加害人与受害人之间经济利益的考量，更应将人类整体的利益纳入其中，所以，在生态环境损害案件中，恢复原状（生态环境修复）应是救济的核心方式，不应像传统侵权那样以价值赔偿为主，这在各国立法当中得到了体现。

此外，对于恢复原状而言，其还存在一个让受害人困扰的地方，那就是其需要将恢复主动权放在加害人的手中。但是对于生态环境修复，修复时间、技术的采用往往都在受害人不可控的范围内，这会导致加害人采用“拖”解决，使受害人的利益无法及时得到救济，因此许多国家在恢复原状责任中赋予了受害人以主动权来对抗恶意加害人，即受害人可以自主实施恢复原状，费用由加害人承担。这一过程最为常见的表现就是受害人可以预支恢复费用，但是这又产生另外一个问题，即一旦受害人预支该费用，是否可以用于生态环境修复外的其他用途，受害人对于预支费用是否可以自由处分呢？答案是否定的。因为此处的恢复原状承载了“公益维护”的目的，恢复原状所产生的费用是要弥补整体生态环境公益的损害，不能用于其他用途。费用完全由受害人自由处理就偏离了实施生态环境修复的目的，其属不当得利，受害人没有自由处分该费用的权利。

当然，生态环境的复杂性以及人类科技的局限性导致受损生态环境恢复到应有状态或者是一次性恢复到应有状态，很多时候是不可能的，因此不能过于苛求加害人。对于无法完全恢复的情况，可以采用部分恢复原状，不能恢复的部分适用金钱赔偿。而针对不能一次性恢复到应有状态的情况，可以采用分期恢复的形式，但在此期间给受害人所造成的损失仍然需要给予金钱赔偿。

（三）生态环境损害赔偿与生态补偿的关系

1. 原因行为的性质不同

补偿是由合法行为引起，不具有可归责性，而赔偿则是由违法行为引起，具有归责性。补偿是与损失相连，赔偿则与损害相连，这是赔偿与补偿之间区别的关键点。但是对于造成生态环境损害的环境影响（污染）

或生态破坏行为，很多时候受人们认知以及相应技术水平的限制，侵害人并不具有侵害全民所有自然资源资产所有权的主观过错，相反，在很多时候，这些行为是与生产等行为相伴而生，可以说，其与社会的发展、人们的福利紧密相连，限制这些行为也就意味着限制了发展，所以这些行为并不一定具有违法性。

2. 目的不同

生态环境损害赔偿的目的在于弥补损害，因为侵害人实施了环境影响（污染）或生态破坏行为，侵害了全民所有自然资源资产所有权，造成了生态环境损害，所以，其必须对损害进行弥补。而生态补偿的目的则在于损失的公平分担，其是生态系统服务的受益者按照法定的方式向生态系统服务的提供者进行补偿的制度，与损害的弥补没有关系。

3. 方式不同

生态补偿是发生在损失发生之前或之中，其既包括当地补偿，又包括异地补偿，补偿的形式既包括金钱的补偿，也包括非金钱的补偿，例如政策的补偿，补偿的类型既包括政府主导型补偿，又包括市场主导型补偿，对于后者而言，政府并非居于主导地位，相反，更重要的参与主体是市场；而生态环境损害赔偿则是发生在损害发生之后，在赔偿模式的选择上，如能修复，生态环境修复要优先于金钱赔偿，但生态环境修复只能在当地进行。生态环境损害赔偿诉讼由相关的政府及其指定的或受委托的部门、机构提起，但赔偿的对象并非指向该主体。

4. 范围不同

生态补偿补偿的是受损者和贡献者的环境保护成本、发展机会成本以及生态系统服务价值的损失。而生态环境损害赔偿则主要针对的是因为影响（污染）环境、破坏生态造成的生态环境及其生态系统服务的减损，对个人或集体权益的损害并不在其赔偿的范围内。

5. 主体不同

生态补偿主体既包括公主体，也包括私主体。在政府主导型生态补偿中，政府作为补偿主体并非仅仅作为公益的代表，更多的是公共产品的提供者，其与受偿主体并非处于平权地位。在市场主导型生态补偿中，补偿主体和受偿主体更多的是私主体。在生态环境损害赔偿案件中，因与造成生态环境损害的主体经磋商未达成一致或者无法进行磋商的，相关政府及其指定的或受委托的部门、机构基于全民所有自然资源资产所有权享有提起诉讼的权利，此时其并非权力主体。

总之，虽然生态环境损害赔偿与生态补偿都涉及生态系统服务，但二者属于不同层面的制度，不具有可替代性。

第四节　湿地生态补偿特殊性和必要性分析

多水、独特的土壤和适水的生物活动是湿地的基本要素，这也导致实践中，人们往往将湿地分解为不同的湿地资源进行管理和保护，具体到湿地生态补偿方面，很容易出现用流域生态补偿、森林生态补偿、海洋生态补偿、重点生态功能区生态补偿等方式来代替湿地生态补偿的现象，那么，湿地生态补偿是否不具有特殊性，也不需要独立存在呢?

一、湿地生态补偿特殊性分析

（一）湿地生态系统与湿地资源的不同

"生态系统是指复杂生物群落（包括人类社会）和非生物无机环境（生态系统组分）相互作用（通过生态过程）而形成的并为人类提供多种效益

（生态系统服务）的综合体。”[①]其具有整体性的特征。湿地作为最为重要的一种生态系统类型，并非单一的资源或者说单一的生态要素，而是一综合体，包括复杂的生物群落（湿地具有的巨大食物链及其所支撑的丰富的生物多样性）、非生物无机环境（例如，积水或淹水土壤、厌氧条件）、生态过程和生态系统服务（蓄水补水、调蓄洪水、局部气候调整、沉积物滞留、污染净化、栖息地供给和生物多样性维持、自然资源供给、旅游休闲、科研教育等）。

湿地作为生态系统类型，必须关注其系统整体性，湿地生态系统并不是其中各生态要素的简单相加，“否则它就不会具有作为整体的特定功能。脱离了整体性，要素的机能和要素间的作用便失去了原有的意义，研究任何事物的单独部分不能得出有关整体的结论，湿地生态系统任何功能的发挥都必须以湿地生态系统的完整性为基础”[②]。

（二）湿地生态系统与其他生态系统的不同

“湿地一般发育在陆地系统（如高地上的森林、草地）和水体系统（如深水湖泊、海洋）的交界处，因此其往往在结构和功能上具有陆地系统或水体系统的一些特征，例如厌氧环境，例如生物多样性，但是正如我们对湿地生态系统分析的那样，积水或淹水土壤、厌氧条件和相应的动植物，是既不同于陆地系统也不同于水体系统的本质特征。”[③]湿地是独特的系统，是独立的系统，但是其并不是孤立的系统，而是通过水资源、生物资源等物质和能量的流动，使与其相邻的生态系统紧紧联系起来。而且湿地并非固定不变的，因为湿地的形成或者是水体系统向陆地系统的延伸或者是陆地系统向水体系统的延伸，由于水体的流动性导致湿地经常处于变化之中。这一过程或者是由于自然的原因，例如洪水，或者是由于人类的活

---

① 中华人民共和国国际湿地公约履约办公室编译.湿地保护管理手册［M］.北京：中国林业出版社，2013：2.

② 吕宪国.湿地生态系统保护与管理［M］.北京：化学工业出版社，2004：234.

③ 吕宪国.湿地生态系统保护与管理［M］.北京：化学工业出版社，2004：17.

动所导致，例如农田改造。但无论哪种影响，都应限制在湿地生态系统平衡中，否则一旦突破了生态阈值，湿地生态系统就会失衡，其生态功能将会退化甚至丧失。随着科技的进步，人类对生态系统影响越来越大，当然这种影响，可能是不好的影响，可以说在某种程度上湿地生态系统功能破坏的最大原因是人类的影响，但是影响也有好的一面，即人类凭借自己对科技的掌握，可以对湿地生态系统的破坏进行修复。

综上，尽管在湿地生态系统中，水体系统和陆地系统相互作用的方式和强度不同，形成不同类型的湿地，而在不同的湿地类型中会涉及流域和水资源、森林、海洋、大气等生态系统或生态要素，作为水生系统和陆地系统过渡的湿地生态系统具有生物多样性和脆弱性的特征，所以对湿地的破坏，意味着对独特生态系统功能的破坏，流域生态补偿、森林生态补偿、海洋生态补偿、重点生态功能区生态补偿并不能代替湿地生态补偿。

二、湿地生态补偿必要性分析[①]

湿地的价值长期以来为人类所忽略，被认为是“无用之地”，因此将湿地改造成“有用之地”被看作是人类征服自然的一大创举。在这一错误理念的指导之下，全世界湿地急剧缩减，我国约有一半处于退化状态[②]，这一后果所带来的不利影响逐渐显现。在缓解湿地环境保护与经济发展、社会稳定之间矛盾的背景下，湿地生态补偿成为各界关注的焦点。

（一）湿地生态补偿能够维持湿地生态系统服务的正常提供

生态系统服务是相对于人而言的，与生态系统功能不同，后者反映的是生态系统自身属性，其存在并不取决于人类。而生态系统服务是生态系统功能满足人类需求的表现。具体到湿地生态系统服务，其具有生态、经

① 本部分内容已于2019年发表在《中国水运》上，收录时有修改。

② 韩美，李云龙.湿地生态补偿的理论与实践——以黄河三角洲湿地为例［J］.理论学刊，2018（01）：71.

济和社会三重价值。从生态层面看，大量的植物和动物依赖于湿地生态系统而生存，湿地具有缓冲环境变化、净化污染以及碳汇的作用。从经济层面看，湿地对于人类最为直接的功能在于可提供丰富的生活和生产资源。湿地之美也为旅游业发展提供了契机。从社会层面看，湿地具有一定的文化、教育和科研价值，湿地在人类的发展史上占据了重要的地位，或孕育了人类的文明，或是重要事件遗址，是人类研究自身和自然的重要场所。

当前湿地退化的严重程度说明了历史上人类欠缺对湿地生态系统服务的认识。长期以来，人们对于湿地生态系统服务的认识只着重于经济层面，甚至有时直接将湿地视作“无用之地”，认为其无法产生任何效益。湿地生态系统服务的再认识迫使人们不得不修正对湿地的态度，采取一系列的管理措施来扭转湿地退化的趋势，湿地“零净损失”成为国际上通行的保护理念。当然这并不意味着人类应停止一切对湿地的利用活动，这是因为：首先，人作为湿地生态系统的一环，一旦将其迁出，可能会打破生态的平衡；其次，这也不利于人类生存权、发展权的实现，毕竟人类从古至今都依赖于湿地生存和发展。因此，人类对湿地的利用是必须的，只不过此利用应为合理的利用。从本质上看，湿地的退化在于人们“利用”湿地时，只是一味地索取而没有给予相应的补偿（当然也存在无法补偿的情形，此时更需要的是风险预防措施，从根本上防止风险的发生），保护者对于湿地的保护没有得到应有的补偿，开发利用者没有承担起对湿地破坏的成本，受益者与保护者、破坏者和受损者之间利益分配扭曲。湿地生态补偿使环境负外部性和正外部性内部化，实现“零净损失”，维持了湿地生态系统服务的正常提供，协调各方的生态利益、经济利益和社会利益，兼顾环境保护、经济发展和社会稳定。

（二）湿地生态补偿能够提升政府分工与跨部门协作能力

随着社会事务的增多，政府的职能也随之增加。然而，面对日益专业化的繁多社会事务，大而全的政府显然不能应对。20世纪三四十年代，随着科学管理理念被公共领域接受，分工劳动成为工作过程的本质要求[①]。正如韦伯的科层制所揭示的那样，在技术化和专业化取向的支配下，各类组织运作要想高效化，必须具有专业的成员，其具有专业的知识储备来应对专业的社会事务。但由于人员理性以及技术发展受限，必须建立一套等级系统，通过相应的规章来规定成员的权利义务，以分散不理性所带来的后果。部门分工正是将具有相同专业的人员组织在一起，应对高度专业化的社会事务，具有合理性。但是部门分工也会带来负面影响：部门间的“碎片化”将会带来部门争利、权责壁垒，成本提高，政府无法高效提供公共物品，也导致了政府各部门对政府整体价值认同的降低。

具体到湿地管理中，湿地并不是各生态要素的简单相加，而是一综合体，具有整体性。湿地并不是孤立的系统，其通过水资源、生物资源等物质和能量的流动，与相邻的生态系统紧紧联系起来。而且，水体的流动性导致湿地并非固定不变，经常处于变化之中。同时，湿地资源作为湿地生态系统的一部分，除具有维系生态平衡作用之外，资源之间也具有不同特性。因此，对湿地生态系统整体管理的同时，不能忽视资源管理的专业差异性以及与相关生态系统的紧密关联性。湿地管理既需要综合协调，也需要部门分工，这是利益博弈中的最佳模式。尽管我国现行立法既有“各部门分工管理”的规定，也有“地方林业部门管理以及国家林业局协调”的规定，但是此处的各部门与林业部门属于平级部门，相互之间并不具有管辖或隶属关系，而所谓的国家林业局协调，先不说协调程序如何启动或进行根本没有任何规定，即使有，当地方省级政府的利益发生冲突时，国家林业局如何来协调也存在问题。这些问题不解决，部门保护主义、地方保护主义也就无法解决，湿地管理也就无法应对湿地退化严重的情形，甚至在某种程度上还会加剧湿地的退化，所以必须通过一系列的对策来提升管

① 罗伯特・B.登哈特著.公共组织理论（第三版）[M].扶松茂，等，译.北京：中国人民大学出版社，2003.

理部门合理分工和跨部门协作能力。湿地生态补偿补偿的是湿地生态系以及受损者、贡献者，关注的是社会利益和个人利益之间的衡量，既要考虑生态系统的整体性又要考虑湿地资源的特殊性，涉及多个部门，需要多部门在分工的基础之上提升跨部门协作的能力。

（三）湿地生态补偿能够平衡个人利益和社会利益

不管从哪个角度来定义，利益都绕不开一个词——需要。总体而言，利益是一种需要，是一种事实状态，其范围广泛，种类众多。具体到湿地生态补偿中，由于湿地可以满足人们生态、经济和社会需要，在湿地的利用和保护过程中必然会涉及相关者多种利益冲突：社会利益和个人利益冲突、生态利益与经济利益冲突、代内利益和代际利益冲突、中央利益与地方利益冲突等。其中最主要的是社会利益和个人利益的冲突。长期以来，对于个人利益和社会利益的关系，人们认为个人利益即社会利益。虽然个人组成社会，但个人才是唯一的目的，社会则是达成目的的手段。反映在法律当中，人是孤立的原子化的个人，而非一群相互联系之人，个人利益的实现自然导致社会利益的实现。随着社会的发展，这种个人主义理念已无法适应社会的需要。人们发现个人利益与社会利益并非完全一致。个人利益的实现有时不仅无法有助于社会利益的实现，相反还会损害社会利益。但是，个人处于社会之网当中，个人与社会之间会产生千丝万缕的联系，“自我利益和作为成员的利益之间的区别并不意味着两者永远不一致”[①]。个人利益与社会利益之间既存在对立的一面也存在统一的一面。

湿地生态补偿表现为两个方面：一方面是受损者和保护者受损利益的补偿，例如对于湿地以及周边的农民而言，其生存资料往往来自湿地，如果仅因为湿地的保护而对其行为进行限制或禁止的话，必然会引起不满。而对于湿地的保护者而言，如果自发保护行为导致自身利益持续受损的

---

① A.J.M.米尔思著.人的权利与人的多样性——人权哲学［M］.夏勇，张志铭，译.北京：中国大百科全书出版社，1995：51 .

话，其将没有动力将行为持续下去，最终还是会由政府对湿地进行保护，但是由于能力的有限以及政府失灵的存在，政府无法从根本上扭转湿地退化严重的趋势。湿地生态补偿是通过对个人受损利益的弥补来促进社会利益的实现，“从利益相关者角度分析其在生态补偿中经济损失和补偿意愿，成了生态补偿有效实施的着力点”[①]。另一方面是对湿地生态系统整体的补偿。湿地生态补偿通过多种渠道促进湿地功能的恢复和实现，由于湿地生态系统的平衡，社会利益得到实现，从而可为个人提供更好的生态系统服务，促进个人利益的实现。

总之，湿地生态补偿能够维持湿地生态系统服务的正常提供，满足在面对湿地生态系统的整体性和湿地资源的特殊性时，政府分工与跨部门协作能力提升的需要，使湿地生态系统服务这一“无价之物”得以“有价”，从而激发各利益相关人的内生动力，实现个人利益和社会利益的统一。

① 刘金福，陈虹，涂伟豪，吴彩婷，尤添革，洪伟.福建漳江口红树林湿地生态补偿研究［J］.北京林业大学学报，2017（09）：84.

DI ER ZHANG

第二章 湿地生态补偿的模式、形式与条件

第一节　湿地生态补偿的模式

总体而言，从经济学角度来看，生态补偿主要是由湿地保护的外部性所导致的，新古典经济学、现代西方产权经济学针对外部性问题分别提出了"庇古税"、产权界定和政府管制等不同解决方案。基于湿地提供生态效益的公共产品属性和由谁来确定应该补偿给谁（受偿的对象）、补偿资金由谁来提供、补偿条件和标准由谁确定、补偿形式有哪些等的处理模式不同，解决生态补偿的模式也主要有两种，一种是税收类的补偿，一种是权利交易类的补偿，因此，湿地生态补偿的模式主要有政府主导和市场主导两种。一种是由政府主导补偿，政府来划定补偿的范围、提供补偿的资金并实际支付给相关被补偿对象，政府制定补偿的条件与补偿的数额和形式。市场主导，是指由谁来补偿、补偿给谁、如何补偿、资金的来源与支付条件和方式都是通过市场交易的方式来进行的。补偿模式在湿地补偿中起着决定性的作用，其合法性与合理性一定程度上决定了补偿的公平程度。

一、政府主导补偿

由于湿地的公共产品属性，所以在实践中，需要政府来代表公众对在湿地创立、修复以及保护等方面做出贡献的群体或者个人进行补偿。政府主导补偿主要可以采用以及几种方式：政府通过设置规章制度，来规划湿地生态补偿的基本框架，或者政府建立与规范生态补偿的税收制度；政府通过发布行政命令，强令湿地周围的群体不得从事某一行为，或者通过批准、创建新的生态补偿项目，在该项目中提出要求；政府负责提供生态补偿的资金；政府作为生态补偿保护的监督者和评估者；政府通过政策具体规定征收某些土地、收回某些海域使用权。上述方式的采用无不体现了政府在生态补偿中的主导作用。

首先，政府通过制定法律法规，建立湿地生态补偿制度，初步明确湿地生态补偿的前提、责任主体、补偿对象，以及补偿条件、补偿具体的形式，补偿资金的来源，并对是否允许进行市场交易进行规定。政府可以通过是否允许湿地占补平衡、是否允许多余的湿地指标进行出让、是否允许湿地银行制度的存在等来构建生态补偿的基本框架。

其次，政府建立与规范生态补偿的税收制度。政府规定资源税、生态税的征收范围以及税基、税率等建立生态补偿的税收制度。一方面，国家通过对不同环节的税种的设置、税基和税率的规定实现对生态补偿资金的筹集。另一方面，国家通过对资源取得环节和使用某一生态产品征收税，可以降低权利人对使用湿地资源或湿地中的某些要素的需求，亦可在一定程度上减少非理性湿地开发与使用行为，有利于对湿地保护活动的开展。对湿地资源使用征税一方面能够提高湿地的使用成本，促使权利人更为理性地对待湿地的占有规模；另一方面能够促使权利人以对湿地环境影响方式较小的方式科学高效地利用开发湿地，实现湿地保护与湿地开发的双赢。

政府还可以通过对保护湿地的企业与个人给予税收优惠或者减免的方式，变相补偿保护湿地过程中的特别贡献者，以鼓励公众开展湿地保护技术研发，以对湿地伤害最小的方式去利用湿地。

再次，政府成为生态补偿资金的承担者。重大的生态项目是中央政府通过拨付专项资金和财政转移支付，在预算中划定专门的资金来对湿地保护中做出贡献者进行补偿。在这一补偿的法律关系中，政府是对生态补偿负有支付资金的义务的一方。比如，为了保护湿地的生态环境而开展的退耕还湿、退草还湿工程；为了征收湿地周边的土地而由政府支付土地征收补偿费；为了保护海滨湿地而收回特定的海域使用权或者拆除地上的养殖网箱、养殖棚子和养殖池等，对权利人的海域使用权的损失、鱼苗等养殖物的损失和养殖设施设备的损失进行补偿等，这些资金都是由政府筹集与支付，由此政府在一定情况下除了是生态补偿政策和法规的制定者、执行者，也会成为补偿的主体。

最后，政府制定、启动生态补偿项目，具体开展生态补偿。比如青岛市湿地污水截留工程、风香山公园建设工程、蓝湾整治工程，这一系列工程的开展，政府责无旁贷。并且，在实践中，某区域是否进行生态保护？进行怎样的生态保护，是生态移民还是金钱补偿，是支付租赁费还是发放补贴，是用有限制的开发许可替代生态补偿，还是进行共治共享？生态补偿从何时起，到何时止？这些具体的生态补偿，都由政府主导决定。

可以说，政府对湿地补偿的主导作用贯穿于湿地生态补偿的各个环节，对湿地补偿格局影响重大。

二、市场主导补偿

市场主导补偿是指在补偿主体和补偿对象通过一定的方式得以确定的前提下，生态补偿的范围、时间、标准以及数额计算等皆由市场决定，即遵循市场的价值规律和市场的交换规则，由双方自由协商确定。比如生态补偿在哪一区域展开、生态补偿数额的大小、补偿形式的选择等皆遵照供给需求规律确定。生态补偿的各个方面主要通过市场进行，政府不过度干预。在此，市场对湿地生态价值、社会价值以及经济价值的认知与偏好会影响湿地生态补偿的范围、标准、形式等多个方面，甚至会影响到湿地生态补偿能否进行。

补偿给谁由市场决定。比如茅台酒厂，基于酿酒对所取得的水质有特殊的需求，所以主动与上游的居民、企业达成补偿协议。再如安徽省与浙江省关于新安江的水质水量达成的补偿协议。市场在此可以根据需要，决定是否进行补偿以及选择具体的补偿对象。

补偿的标准可由双方协商，比如双方约定如果某一横断面水质达成一定的标准，且水量达到一定的要求则给予补偿。补偿的价格和方式也是由双方自由协商的。在新安江补偿中，补偿方式以金钱为主。尽管上游更希望可以通过产业合作、产业扶持等方式，使得上游可以更好地分享水质改善带来的实惠，但是下游政府并没有同意这一补偿形式。补偿的起止时间也由双方约定，一年或者几年皆可。

三、政府和市场主导生态补偿的优劣

（一）政府主导生态补偿模式的优劣

1. 政府主导生态补偿的优点

一是当湿地没有完全恢复或者湿地的生态功能、社会功能还无法展现或者还无法通过一定的方式予以测量的情形下，市场难以介入进行补偿，或者通过市场进行的补偿并不充分。政府补偿则可以弥补这一缺陷，使得湿地保护能够尽快得以启动并能够在后期被顺利推动。所以政府补偿有利于推动湿地保护的开展。

二是政府主导补偿时，政府可以从当地社会发展的需要出发，确定补偿的主体、受偿的对象、补偿的项目以及标准。而如果单纯通过市场进行补偿，则可能补偿主体基于不同的经济等方面的需求，而确定不同受偿的对象与标准，会导致不公平的补偿结果。比如，水质的好坏有许多的指标，如果市场补偿仅依据其中的某一指标，则会导致受偿主体基于经济刺激的需要仅仅完成水质检测标准中有限的几个指标而将其他生态问题的改善置之不理。另外，市场补偿主体可能也会基于个人的不同需求而对水质有不同的标准，对于超出其需求的生态改善行为，尽管对于全社会是有利的，对市场主体而言，并无该项需求，或者该项生态价值并没有在市场上得到认可或者无法衡量，则会导致其价值被忽略或者低估，这时，政府就可以从社会的总体需求出发，合理地确定补偿的事项与指标，使与社会有益的行为都能得到正面的激励。

三是当受益主体难以明确时，由政府出面可以代替受益者对生态贡献者或者特别牺牲者进行补偿，补偿能够对贡献者起到良好的刺激作用。对于生态保护者来说，湿地的保护行为得到回报，这是较好的正向反馈。政府通过付给生态保护者应有的补偿，用利益固化其行为，使其从事生态保护的意愿显著增强。

四是节约成本。由政府按照相对固定的资本对某个明确的区域内相对明确的行为进行补偿，能够有效地节约成本，提高效率。首先，政府不用一对一地与受偿对象进行个别的谈判，节省了谈判的成本。另外，政府对同样的行为进行同样的补偿，能够更为公平合理，避免了个别谈判中补偿的标准不一致的问题，也避免了因为对方谈判经验的不足而导致的补偿不充分的问题。

2. 政府主导生态补偿的不足

尽管政府主导补偿具有许多的优点，但是政府主导也会给补偿带来相应的不足。

一是补偿的对象与标准由政府决定，可能会出现实际的补偿与应予补偿的情形不符的问题。毕竟政府做出决策需要前提与基础，即“国家调节的科学性有赖于政府的信息充分、决策科学和管理完善”①，这就意味着，政府决策想要更为科学合理，需要政府充分掌握湿地保护的真实信息，比如保护湿地的数量、投入、成效等，而且在做出补偿决策时要民主科学，后期的管理监督工作也应得到足够的重视。但是，基于政府组织进行调查研究的成本较高且信息也可能具有一定的滞后性，以及信息层层传递过程中会出现失真等原因，政府掌握的补偿信息与实际可能会出现一定程度的背离。而政府在确定补偿的对象与依据时，除了依靠调查得来数据，还需

① 杨灿明.转型与宏观收入分配［M］.北京：中国劳动社会保障出版社，2003：60.

要考虑各区域的平衡以及补偿激励作用的发挥。因此，政府可能就无法针对具体情况细化补偿的对象与标准，而是依照生态保护的平均情况，确定一个折中的标准。所以，决策的技术和决策的目标会影响补偿的标准，当然也会影响补偿的受偿范围。一般来说，为了兼顾补偿的公平与效率，政府在确定补偿的标准与对象时倾向于使补偿的标准居中，而补偿的范围尽量扩大。此外，确定了标准和对象后，如何判断实践中生态保护行为的定性，确定补偿的等次以正确发放补偿金也是非常关键的问题。在补偿制度的具体执行过程中，总会面临形形色色的具体问题，比如特殊情况如何确定其生态补偿行为，是否包含在补偿的范围内？按照何种标准进行补偿等问题都需要具体分析研判。而政府面对如此众多的补偿对象，难以一一进行甄别，所以，在发放生态补偿时，稍不注意就会使得补偿流于形式。而且补偿后仍需要对被补偿的保护行为进行监督，否则可能会出现“补偿完毕，生态保护项目也终止”的局面。而仅依靠政府之力进行监督，难免会有所疏漏，如此则可能难以保证生态保护的长效，也会降低补偿的效果。

二是在政府主导补偿之下，生态补偿的资金大部分来自当地政府或者中央的转移支付，补偿的范围一般也局限在相应的行政区划内，比如某县、某市、某区等。既然补偿的相关事项由当地政府确定，政府就可以根据其需求设置补偿的相关条件。而政府并不是完全中立的，政府也有自己目标与追求，它会在经济发展、社会稳定以及生态保护之中进行选择或者平衡。地方政府的决策不一定在任何情况下是完全公平合理的，比如，个别地方政府领导可能为了追求政绩而忽略民意，强行按照一个固定的标准进行补偿等。这些做法容易激发矛盾，也可能最终使得生态补偿原有的目的——补偿损失牺牲以及奖励贡献、鼓励继续开展生态补偿产生异化。并且不同的发展策略和民生目标也会影响地方政府对生态补偿的范围与标准的确定。因此，政府也不能在不受制约的情况下做到绝对的公平。

而且生态补偿的资金主要来自中央和地方政府。因此，政府财政支付的能力和财政的预算就会对生态补偿产生较大的影响，比如有些湿地生态补偿项目所需资金甚大，地方政府往往无力承担，此时需要得到中央转移支付的资金才能继续开展。但是中央转移支付资金主要是以项目的方式进行拨付，所以就会出现项目初步完成，中央不再拨付资金，则生态补偿项目也被迫停止的问题。所以，由政府进行生态补偿，会存在生态补偿资金不能持续、足量提供的难题。

三是成本较高。由政府进行补偿意味着现有政府通过税收或者收费等方法，从受益者那里筹集相应的补偿资金，然后再通过一定的方式补偿给为生态保护做出贡献者。可是，在这种政府作为中介进行征收税费—补偿的过程中，生态补偿的总资金却减少了，这就是经济学上的“漏桶理论”所描述的问题，即平等与效率存在一定的冲突，当政府基于公平正义进行再分配时，其成本是较高的，在这一过程中，存在着效率的损失。而且强制的、无偿的征收税费的方式与更为温和的协商一致的方式相比，前者更让受益者感觉自己的补偿行为不是出自内心的自觉行为，而是受到了外界的强迫。意愿在一定程度上会支配行动，这也会使得政府主导补偿的成本增加。

四是在政府进行生态补偿的方式之中，生态补偿的形式和标准等均主要体现为政府的意愿且受到政府的财政能力的制约，所以这种补偿不能够反映受补偿者的意愿。当补偿者是政府，受补偿者也是政府时，体现得尤为明显，比如，在新安江的补偿之中，居民更希望与下游进行产业合作，共享经济的发展成果，而不是现在单一的补偿。而且，在政府作为补偿者时，受偿对象的保护行为更多的是来自行政的命令或者政策，不得不行使生态保护的行为，不得不接受政府给予的确定的方式与金额的补偿。根据“纳什均衡”理论，可能地方政府会选择进行不合理的补偿标准[①]，受补偿者与政府进行对抗的成本较高，于是最后不得不选择合作。

---

① 孙璇.台湾都市更新中的群体性抗争与土地利益博弈研究［J］.台湾研究集刊，2016（03）：43-51.

（二）市场主导生态补偿模式的优劣

1. 市场主导生态补偿的优点

一是补偿的主体与受补偿的对象比较明确，双方各自的权利与诉求也能够清晰地表达，双方通过有针对性的协商，可以达成各自满意的补偿标准与方式。市场模式下，受补偿者拥有更多的知情权与选择权，不像政府主导补偿中没有发言权和参与权，只能被动等待政府给定的补偿标准、范围等。正因为在该模式下，谈判的结果是相关各方努力达成的，其中体现了各自的内心真意，所以对协议的履行各方也持积极态度。

二是这一补偿体现了对权利的尊重，无论最终的谈判结果更利于受补偿者，还是更利于补偿者，无论补偿方式是金钱还是就业帮扶、股权分红，都是双方平等自愿的选择。补偿的标准和方式的确定体现了市场中的等价有偿和意思自治。一方面杜绝了政府强制的统一补偿标准的出现，补偿标准更为理想，另一方面使得补偿方式更为丰富多样，且补偿的客体亦可以基于双方的实际需要在法定范围内自由设置（可以对水质进行补偿，可以对水量进行补偿，还可以对生物多样性、蓄洪、地下水等进行补偿），避免了在政府主导下补偿标准单一化和客体的固定化。这种补偿模式能够根据权利主体的需求和具体情况体现补偿的差别性。

三是市场一对一谈判，在贡献与回报之间建立了链接。我们知道，湿地的生态功能多种多样的，有许多生态功能的价值在目前是可以通过各种方式进行测定的。但是我们也会发现一个奇怪的现象，即湿地的生态价值、社会价值完全按照测定的数额来补偿，这一做法在实践中较少。无论是通过客观的方法来进行价值的评估衡量，还是通过主观意愿调查法（询问周边受到影响的，或者对生态做出贡献的群体他们的补偿意愿）得到的应补偿额度，都是比实际支付的生态补偿额度高得多。政府作为生态补偿的主体，基于资金的制约以及前述的种种原因，实际能够支付的补偿数额是极其有限的。但是受补偿者的贡献和牺牲却是一定的，因此政府未能进行充分补偿的情况可能会引起受偿对象的不满。

通过市场的方式确定补偿者以及受偿的对象，确定补偿的标准和数额，能够较好地体现出谁为湿地生态功能的改善做出了贡献，谁为湿地生态功能的好转做出了特别的牺牲，而谁又因此享受到了清新的空气、干净的水源、美丽的环境，或者丰富的生物资源。那么受益者通过市场手段补偿受偿者，可以将贡献者与享受者、牺牲者与受益者进行一对一的绑定，实现权利义务的内部对应，可以较好地体现出贡献者与享受者之间的对等关系。如此，既可以鼓励为生态环境做出贡献者继续从事与国家与民有益的行为，同时个人的生存需求和对美好生活的向往也能够得到满足。而享受到美好生活者，也能够借此明白，良好的生态是需要维护的，是有人对此做出了贡献和牺牲的，而自己享受良好的生态也是需要支付一定的对价的，因此会更珍惜来之不易的生态环境，主动节约资源，积极投身到生态环境的保护之中。

另外，通过市场一对一的谈判进行补偿，也可以让生态贡献者了解所提供的生态服务在市场上通过公平的估价究竟价值几何。由此可以形成对己身提供的生态服务的价值的正确认识，此举一是可以破除受偿者对于政府补偿补偿标准过低的偏见，二是可以使得被其他人需要而且价值被其他人已经认识到的生态产品获得较好的价格。只有买卖双方具体参与谈判，进行补偿标准和补偿方式等方面的协商，才能够对维护生态的行为的真正市场价值得到切实的认识，只有自己亲自参与谈判，哪怕最终的补偿与预期不符，也会在内心中接受这一价格。所以市场主导补偿的方式在一定程度上可以消除补偿过程中的矛盾冲突。

2. 市场主导生态补偿的不足

大家知道，市场也有其固有的缺陷。谈判的结果公平需要一定的条件，如果这些条件不能够得到满足，则谈判的结果未必能够实现公平正义。条件一是谈判双方的力量是对等的，供需的信息以及产品的功能等都是公开的、透明的。条件二是双方的权利义务已经通过法律进行了初步的配置，即在生态补偿中，补偿的义务是否已经通过法律进行界定，受补偿者的权利是否得到法律的认可，双方在交易过程中出现不公平的情况又由哪个机构进行纠正等，这些保障制度也必须足够完善才可以。条件三是，交易的物品或者服务的内容和价值已经得到广泛的认可，双方可以较方便、快捷地判断出对方所提供的对价是否公平。基于以上原因，现阶段市场在进行生态补偿就会存在一些不足。

一是谈判双方的力量并不均衡，如此则会使得补偿在不平等的前提下进行，即便表面上程序是公平合理的，就像是天平一开始就存在偏差，那么补偿的结果无疑也会向一方倾斜。在补偿之中，现有的案例大多数都是在地方政府与地方政府之间展开的，比如河流的上下游政府之间进行谈判。尽管都是政府，但是政府基于所管辖的地域的生态功能区划不同，政府的财政能力不同，政府管辖地域的地理环境与资源禀赋不同，那么在谈判时对于补偿的数额和方式在最终的结果中也并不能使双方都满意。

二是补偿的规则确定得不科学，也会使得表面上公平的补偿变成结果的不公平。比如，在生态补偿中，上游经过一系列的努力，通过限制污水的排放、禁止滥砍滥伐、禁止化肥的使用、禁止挖沙挖泥等努力，不但改善了水质，还增加了生物的多样性，既有利于蓄水分洪，又清新了空气。但是下游政府约定生态补偿条件只看水质的某几项指标，至于上游对于河流湿地等做出的其余的贡献并不在他的考核范围。在这种情况下，尽管实际上环境生态改善的益处仍然由下游享有，但是，他们却并不对这一享受付出对价。

三是谈判成本可能较高。在市场主导补偿的情形下，双方的协议未必通过一次谈判即可达成，可能需要数次谈判，反复地博弈，才能终至成功，导致谈判成本增加。生态补偿的谈判结果是追求权利义务相对的平衡，即通过谈判，双方皆感觉履行这一协议所得的收益要远大于双方的不合作状态，那么这一协议才能够达成。但是，这一谈判的过程是一个“纳什均衡”，一方想要少付出则意味着另外一方就要多付出。为了各自的利益，双方必然要进行反复的试探，察知对方的底线，衡量己方的得失。这一过程可能会较为漫长，通过漫长的较量，最终要么形成僵持局面，两败俱伤，要么以一方的妥协而告终（一方不得不给予高于原定补偿数倍的高额补偿或另一方不得不接受不合理的低价）。双赢的局面也是有的，但是这需要双方力量均衡，且愿意彼此进行必要的让步，但总体而言，谈判过程是漫长的，谈判结果是“纳什均衡”的，谈判成本是较高的。

四是现阶段湿地的生态价值和社会价值几何，还未能得到全社会广泛的认同，应通过哪种方式才能科学地进行测定，也未有定论。如果交易的对象都不能进行准确的判定，那么势必会增加交易的困难。而且，交易的对象并不完全具有私人利益属性，还带有很大部分的公益属性，所以在进行交易时，交易的方式、成交的价格、违约责任等都会有严格的要求，这也意味着市场交易具有相当的难度。另外，由于该物品带有公益属性，所以，应该由受益者进行充分的补偿。在进行交易时，实际上的补偿者并不能够代表，也不愿意代表社会上其他受益者对受偿对象进行补偿，他只是从自己的私意需要出发进行补偿条件以及补偿数额的设定。所以容易使得补偿与受益产生背离——补偿者感觉已按照市场价格尽力补偿了，可是被补偿者却觉得自己的贡献和付出未能得到应有的回报。

五是湿地补偿往往涉及湿地周边一片区域，涉及的群体是多元的，比如有耕作的农民、排污的工厂，有砍伐树木者、养殖鱼虾者，有从事对湿地生态有益的行为者。他们从事的工作是不同的，植树种草、清理湖海、维护岸线、修复滩涂等等，对湿地的贡献也是多种多样的，存在差别的。比如优良水质不仅得益于企业放弃排污行为，还得益于许多保护环境的有益行为，此时如果让下游某一工厂因为需要良好的水质酿酒，而去与形形色色的主体进行谈判，针对他们各不相同的湿地保护行为进行差异化补偿行为，这无疑是极为困难的，在实践中也较为难以实现，目前也只有茅台酒厂可以做到。

综上，市场主导补偿既有优点也有不足。因此，生态补偿的模式具有多样性，各有其长处与不足。

第二节 湿地生态补偿的形式

湿地生态补偿的形式，是指对于湿地做出贡献或者牺牲者以何种形式得以回报其贡献或者弥补其牺牲。一般来说补偿形式可以分为金钱的形式与非金钱的形式，非金钱的形式又分为物质性补偿形式和精神性补偿形式。具体如下：

一、支付金钱形式

支付金钱形式即生态补偿主体向受偿对象支付一定数额的金钱，这是在现阶段运用最多的一种生态补偿形式。对于应补偿者而言，一次性支付一定数额的金钱，不负责后期的相关事宜，比较简单便捷，而且生态修复后产生的收益，也不需要再与受偿对象进行分享。对于受偿者而言，通过金钱补偿也能够切切实实得到一定额度的金钱，不像技术扶持、就业扶持等补偿方式，受偿者还需要再付出一定的努力才能够得到补偿，或者要在较为遥远的未来才能享受到生态补偿。金钱补偿方式避免了以后补偿主体由于客观情况的变化（如经营方式的变化、市场环境的变化、政府财政负担能力的变化）而不能兑现其补偿承诺的情况发生。所以，金钱补偿对双方都有利。金钱的补偿有的是一次性的，有的是分期分批进行的。具体表现为：

（一）财政转移支付

财政转移支付分为纵向转移支付与横向转移支付。

纵向转移支付，是指由中央政府根据各地财政能力的差异，为实现社会公共服务均等而向地方政府拨付的款项。其又分为一般性转移支付和专项转移支付。一般性转移支付是不对转移过去的资金用途做出专门的要求，而是交由地方政府统筹安排。专项转移支付，是指中央政府为了促进某些领域的重点发展，而拨付的专门的款项，比如为了保护环境拨付的环保资金，为了社会保障而拨付的社会保障资金等。这些资金是为了满足中央专门的宏观政策目标或者为委托地方政府、下级政府代理特定事项而拨付的，所以要求资金接受者需按规定用途使用资金。

横向转移支付，是指为了保护生态环境，某一地方政府与另一地方政府之间进行的转移支付。世界上其他国家主要设置了纵向的转移支付，只有德国较为特殊，其既有横向转移支付又有纵向转移支付。我国是否存在横向转移支付，还存在一定的争议。德国的横向转移支付是为了实现公共服务的均等化，缩小不同区域之间的差距，与我们在生态补偿的条件下所提到的为了让上游地区提供更为优质的水源或者其他条件而进行的财政支付，其含义并不完全一致。但是有学者认为“生态补偿”也是横向转移支付的一种形式。

（二）专项资金

所谓专项资金，是指国家有关部门或上级部门下拨行政事业单位具有指定用途或特殊用途的资金。其在实践中有可能被称为专项支出、项目支出、专款等，尽管具体内容之间会存在一定的差异，但是他们都具有由上级部门拨付、用于指定的用途、需要单独核算等共同的特点。如为了保护湿地而下拨的专门资金只能用于湿地保护，不可挪作他用。

专项资金和转移支付不是一回事，专项资金可能含有转移支付资金，而专项转移支付只是转移支付的两种形式之一。比如环保部从2017年开始，每年为围场县和隆化县分别安排农村环境综合整治资金3 000万元，提升农村的环境治理水平。再比如，2015至2017年，湿地管理局累计落实湿地生态效益补偿资金450余万元专项资金，2018年，又落实湿地生态效益补偿资金300万元。

（三）补贴

财政补贴是政府对企业、个人等有关主体从事一定的湿地保护行为而进行的财政补助，如退耕还湿补贴、森林生态效益林补助、退草还湿补贴、天然防护林补助等。发放的目的是为减少湿地建设修复保护等行为对湿地周边个人和企业所造成的负外部性的损失或者进行正外部性行为的鼓励。比如为了保护某一湿地所需要的水源地或者满足湿地的水量要求，而对湿地上游设立的具有生态保护性质的企业（比如污水处理厂、垃圾处置站）进行投资补贴，或者为了维护生物的多样性而对生物育苗、保护行为进行补贴等。

一般来说，补贴的设定需要考量某一行为在湿地保护中所起的作用大小，补贴的数额要与付出和损失成一定的比例，比如，随着社会的发展，国家将集体和个人所有的国家级公益林补偿标准提高到了每亩每年16元。但是因为补贴带有鼓励性、引导性或者政策宣示性的特点，所以实际发放的补贴数额与受补偿者行为的正外部性或负外部性大小并不一定完全重合。

二、分享利润形式

（一）参股分红

参股分红方式是指通过将湿地或者湿地周边的土地（海域）上的相关权利如土地使用权、海域使用权、养殖狩猎权、采摘权利等作价入股，将权利转化为一定的股份或者股权，并将之分配给被补偿对象，通过向他们支付股息股利的方式实现湿地收益的共治共享。

（二）分享外溢的湿地生态效益

湿地生态改善，土地得以增值而对受偿对象进行自然补偿。经过研究发现，良好的生态具有较强的公共产品属性，会产生正外部性，即具有辐射土地增值功能，生态环境良好的地区会使得其上或者周边的土地产生增值，土地的权利人将增值的土地进行出租或者自我经营，也会因为土地的增值而获得较高的收入。如福建省厦门市五缘湾片区开展陆海环境综合整治和生态修复保护，提升了生态价值，促进了土地升值溢价。“从首次出让土地的2005年到2019年，扣除土地储备和生态修复等成本后，区域综合开发总收益达到100.7亿元。2019年，片区内财政总收入较2003年增加了37.7亿元左右。”[①]因此，湿地生态公园附近的土地因为生态的改善而辐射周边的土地，使得土地增值，那么土地的所有权人和使用权人可以通过对土地进行开发，然后出让土地、出租土地或者在土地上建设建筑物，通过出租建筑物获得收益，这些都是土地生态补偿的一种方式。

湿地生态改善带来商机，商机使得居民的收入得以增加。比如在生态良好的地区，得益于良好的湿地资源，人民得以开发生态旅游、生态种植业、发展民宿产业等等。比如，过去在湿地公园附近出售的商品主要是农家土地的出产物，如玉米、地瓜、荸荠、莲藕，而现在主要出售的是湿地公园的风景，比如提供住宿以观赏美景、提供摄影服务以留住美景、提供旅游路线以体验美景等。因为生态改善而使得周边的居民获得一定的商机，因优美的环境而直接获得收益。其与土地辐射增值的原理是一样的，只不过前者增值的是土地，即良好的生态环境的价值通过土地价格的提升而间接地表现出来。而此处，良好的生态可以不通过土地这一媒介，而可以直接当作商品进行出售获得收益回报。良好的生态就像梧桐树，引来了诸多金凤凰——投资企业。用被补偿群众的一句话来概括，青山是“聚宝盆”，山上的树就是“摇钱树”，这较好地诠释了习总书记的话：绿水青山就是金山银山。

（三）分享土地（物业）

建设湿地公园时允许当地社区保留一部分土地，或者在征收、建设湿

---

① 陈莹.国家绿色发展基金如何助力打赢污染防治攻坚战？［EB/OL］.（2020-7-21）［2020-11-6］.https：//theory.gmw.cn/2020-07/21/content_34013603.htm.

地公园的相关设施时，为当地社区留有部分的建筑物、厂房等，社区通过对外出租或者从事经营获得收益，作为对土地征收的补偿。比如昆山天福国家湿地公园所在的天福村，就是利用湿地公园建设后留给村里的土地、厂房进行出租以获得租金收入。

三、提供基础设施与各方面保障

（一）提供养老等社会保障。通过为被补偿对象提供养老、医疗等方面的保障，解决土地原权利人的后顾之忧。天福国家湿地公园就为天福村的村民提供了相关的社会保障待遇。

（二）解决就业。解决就业问题是现在较为常用的生态补偿方式。其一是通过政府向当地农民购买生态服务或设立公益岗位等方式，招募当地的人参与水系整理、湿地修复、芦苇种植、鸟类栖息地保护、监督非法狩猎等，给予一定的工资，保障其就业。现在各地纷纷开展通过聘请因生态保护而生活陷于贫困的人员为生态护林员、生态护湿人员或者河道管理人员等方式，对受偿对象进行就业安置。例子比比皆是，如四川省若尔盖吉林牛心套保湿地提供公益性岗位解决贫困户就业问题，2019年聘用60名贫困户作为生态护湿员。云南普者黑湿地提供湿地生态管护岗位334个，2016年利用湿地生态效益补偿项目聘用50人参与湿地生态管护，每人每年劳务补助8 280元；公益林管护资金聘用4人参与湿地生态管护，每人每年劳务补助12 360元；2018年新聘241名湿地生态管护员，每人每年劳务补助6 600元。

国家林业和草原局办公室、财政部办公厅、国务院扶贫办综合司在《关于开展2019年度建档立卡贫困人口生态护林员选聘工作的通知》中，对生态护林员补助标准初步按照每人每年1万元测算，各地可以结合本地实际情况。基于此，湿地国家级自然保护区管理局聘请建档立卡贫困户403户1 513人为湿地管护人员，年人均管护劳务补助6 600元，管护总面积188.76万亩。2016年以来，国家总共累计安排中央财政投资资金140亿元，选聘生态护林员100万名。

其二是通过在当地设立生态产品加工厂，农民到生态工厂进行务工，获取一定的收入。比如说到湿地公园担任保洁员、门卫或者从事植树造林工作来获得工资。比如杭州西溪湿地公园的建设运营，为农民直接提供多达1 500个就业岗位，引导农牧民向生态工人转变。此举不仅增加了贫困户的家庭收入，也提高了群众参与湿地保护的积极性。

（三）提供基础设施方式。通过补偿的企业或者政府投资当地的基础设施，比如扩宽公路、建立广场、保护居民饮用水源地、修建停车场、为学校添置电脑、桌椅、学习用具或者新建、完善校舍、餐厅、体育场馆等基础设施对受偿对象进行补偿。或者更进一步，通过基础设施的改善辐射私有房产增值，使受偿者享受更多的土地增值。被补偿者通过非排他地享受社会公共设施增加带来的生活的便利和品质的提高来获得补偿。比如受偿对象享受政府建立的农村垃圾分类收集系统、农村污水和湿地周边排放口污水的净化工程、地源热泵采暖的环保供暖设施等，将传统的污染浪费的生产生活方式改变为更环保、更节约、对环境干扰最小的方式，显著提升了生活质量和生产收益。

四、提供智力支持与产业合作形式

为受补偿地区输送智力，即输送技术人才，提高当地的生产管理水平，提高环保意识，改变生活方式和生产方式，提高其物质收入和精神享受。比如在湿地保护区为保护湿地需要改变传统的生产方式，补偿主体往往在该地区助力发展一定的产业，这些产业有一定的技术含量，比如花卉树木的养殖、竹笋蘑菇的种植、生态旅游项目的开展，都需要相应的主体进行技术上的指导和产业平台的提供。

一般而言，输送技术这一方式是伴随着生态修复、生态改善项目、生态旅游项目、生态农业、渔业或者种植业以及“公司+合作社+农户”等新兴经营方式开展而同步进行的。比如中国湿地创先联盟通过考察当地的生态特色资源，设计相应的发展思路，然后根据具体的发展路径，来指导教授当地民众相应的技术，如花草树木的养护、特色农产品的种植，还可以对农民进行农作物科学安全用药、测土配方施肥技术的示范培训等。

实践中，许多湿地所在区域居民因为接受了技术指导，发展起了适应当地环境的特色产业。湿地所在的双柏县通过打造“养生福地·生态双柏”品牌，大力发展生态产业。爱尼山乡力丫村因为其山地优势、立体气候明显，于是发展了牡丹芍药种植示范基地和野生菌等生态产业，以此获得收益，农户得到补偿。云南普者黑湿地就实施乡村旅游和湿地旅游相结合，带动周边发展林下经济，实现产业的转型。生态产业化发展势头迅猛，农户有了增收新途径，对湿地的保护也更为积极主动，村里以此顺利实现退耕还湿。

由此可见，与湿地保护区的农民开展产业合作，为其提供技术指导是非常理想的长期分享生态红利的方式，山东省对于这一生态补偿方式非常重视，《山东省湿地保护办法》第二十七条也鼓励扶持当地居民发展湿地替代性产业和生态农业，以此防止湿地面积减少和湿地污染，维护湿地生态功能。通过进行技术指导，使得当地群众既能够掌握长期致富的手艺，又可以坚定将生态保护进行到底的决心和底气。

五、给予政策形式

政府制定相关的优惠政策为受补偿地区提供创新创业或者转变生产方式，改善生活条件等方面的便利条件。比如：

第一，针对生态脆弱地区的特殊情况实行异地搬迁安置。生态脆弱地区，其自然经济资本短缺、生态承载力不足，致使当地居民生活困难、收入低下，但是他们的居住地、生产地往往又对环境保护起着至关重要的作用，此时，在充分征求居民意愿基础上，政府给予了异地搬迁安置政策。居民集中搬迁到安置点，政府为其解决住房、就业、保障等方面的问题。这一政策因为最早是在扶贫领域使用，又被称之为生态扶贫政策，这一政策在增加收入上表现明显，实现了生活便利与收入增长以及环境生态保护的多赢。因为这一政策也极大地保护了生态环境，所以也可以被归为生态补偿的一种措施。在湿地生态补偿上，针对生活在湿地保护的核心区域的群众，亦可以将其生产生活场所进行搬迁、置换，为其提供物质、资金、就业等多方面的补偿。

第二，给予从事一定行为的许可，从而使得被补偿者基于特殊的许可，获得经济收益。比如允许在湿地生态公园里面售卖一定的商品，从事一定的养殖和捕捞、采摘等行为等。

根据国家以及各地市湿地保护办法，湿地实行分级管理，对于国际重要的湿地以及国家重要的湿地不允许占用、开垦或者改变其用途。而其他级别的湿地经过审批许可是可以从事相应行为的，而且湿地公园里面也不是所有的区域皆禁止从事任何活动，湿地公园是实行分区管理的。如《山东省湿地保护办法》第十四条规定，可根据湿地保护的实际需要，将湿地公园分为湿地保育区、恢复重建区、宣教展示区、合理利用区和管理服务区等。对于前两个区域，禁止从事与保护与管理无关的活动，因为湿地的这部分区域生态比较脆弱，或者需要修复一段时间，生态功能未完全建立和完善。但是在宣教展示区、合理利用区和管理服务区，该区域允许开展适当的生态展示、科普教育、生态旅游等活动，因为该部分的湿地生态系统建设得比较完善，生态不太敏感和脆弱，为了进一步保护湿地的需要，需要更多群体来认识湿地、保护湿地，来享受湿地带来的生态红利，所以允许从事一些不损害湿地生态系统基本功能的一些活动。

再比如《河北省河湖保护和治理条例》规定，禁止擅自在河湖采砂挖泥。如果相关主体欲从事这一行为，必须进行申请，并获得行政当局对于采砂船的规模、采砂的方式、采砂的区域以及每日产量的许可审批，确保不会对河湖的生态环境产生不良的影响才可以。也就是说，并不是湿地的所有区域和所有活动都不许开展，但是需要进行审批许可。作为湿地周边的居民，因为对湿地功能的改善与维护做出了一定的牺牲或者贡献，应该优先得到相应的许可，以此作为对湿地生态贡献或者牺牲的补偿。

当然，上述活动需要经过相关部门的许可，并且不得损害该区域生态环境。比如秦岭禁止开发的区域即便是原来政府部门已经颁发了允许从事住宿等经营活动许可证，因其活动会对禁止开发区的生态保护产生不良的影响，所以现在也按照程序予以取缔。而在秦岭的限制开发区，如果已经办理了许可证，那么农家乐、住宿经营活动可以继续保留，但是政府不得增加新的行政许可并且进行严格的检查，发现不符合生态保护规定的，逐渐取缔。而在适度开发区内，只要规范卫生许可程序，在一定的限度范围内政府是可以许可从事经营活动的。

第三，进行生态标记。生态标记的产品意味着品质的保证，价格自然也比同类物品要更高一些。所以国家积极推动生态良好地区发展“三品一标”（无公害农产品、绿色食品、有机农产品、农产品地理标志）产品，以此实现生态富民。许多产品因为出产在特殊的地理区域而蜚声海内外。黄岛区地理标示产品，比如崂山甜晒鲅鱼、灵山岛海参、琅琊玉筋鱼、泊里西施舌、产芝水库大银鱼，许多产品因获得“全国农产品地理标志登记保护”，他们在市场上身价倍增。毕竟地理标示的培育需要花费一定的时间与精力，需要有良好的环境作为配合。产品生产的环境与特定的地理因素与生态环境密切相关，优良的地理环境不仅取决于先天的自然禀赋，更是世世代代对于湿地生态进行严格保护才可诞生具有较高经济价值的生态产品。除了可以依靠原有对环境保护累积的生态红利获得补偿以外，还可以通过现有被破坏的环境进行修复或者重建而发展其新的地理标志产品，比如日前，国家知识产权局商标局通过审定并予以核准注册青岛即墨区即墨市渔业协会申报的“神汤沟牡蛎”等2件地理标志证明商标。

第四，进行奖励。对为湿地生态做出特殊贡献者进行特别的奖励，以此补偿其为生态保护付出的努力。比如，青岛市对不焚烧秸秆、少使用化肥农药的农户进行一定的奖励，对获得国家级、省级生态文明建设示范县和“绿水青山就是金山银山”实践创新基地的，分别进行加10分、5分的奖励，对于实施禁渔、退耕还湿、补充森林面积等行为亦进行相应的奖励。

第五，提供税收减免或者优惠措施。上至国家下至青岛市针对环境保护与生态产业的发展，提供了相应的税收减免或者税收优惠措施。根据企业所得税法及其实施条例的规定，针对企业从事符合条件的环保与节水节能项目所得以及公共污水处理、海水淡化以及为农村饮水安全等行为实行税收优惠政策。另外，对于新型集体经济主体如“公司+农户”、农村集体经济组织股份合作制改革，也实施税收优惠或者在一定期限内免征所得税，以鼓励生态保护地区创新创业，加大对创新创业的扶植力度。此外，还有促进农业生产的相关税收优惠，比如农业生产经营者销售自产的农产品、牲畜和家禽类产品或者生产销售有机化肥，对农业实施节水改造工程，所生产的产品免征增值税，进行相应的税收减免。

另外，国家还为当地的居民提供无息低息贷款，作为对生态湿地保护事业贡献的回报。比如针对生态重点保护区域的困难群众，每人可以有5万元的无息贷款额度。再如从事企业环保转型也可以享受优惠的贷款利率。

上述税收优惠措施可为公司和农户节约大量的税收，资金可更多地投入到生态环境的改善与保护中去。既实现了对于受偿对象的补偿，也促进了湿地生态的不断改善。

六、补偿湿地和生态景观

（一）补偿湿地。通过补偿一块与原有功能相似的湿地，来补偿被占用或者因为发展开发遭受破坏的湿地。这属于一种实物补偿，详见湿地补偿银行部分的论述。

（二）补偿生态景观方式。比如基于湿地生态公园的建立、蓝湾整理而得以在海湾附近休闲娱乐、健身、观鸟、呼吸新鲜的空气、欣赏优美的环境、吃到安全绿色食品、饮用清洁的水，使得心情舒畅、疾病少发、寿命延长等。比如杭州西溪湿地通过这些年的保护，比开园前生物的多样性显著增加，其中“维管束植物696种，增加了475种；昆虫867种，增加了390

种；鸟类181种，增加了112种”；江苏苏州现有的15个湿地公园，“鸟的种类增加了46%，种群数量增加了将近一倍”，而北京野鸭湖“鸟类由233种增加到347种。”[①]居民可以在湿地公园内尽情欣赏各种鸟类，其中包括国家重点保护的动物和植物，了解鸟类的生活习性，从事鸟类的摄影等活动，丰富自己的生活，实现人与自然的和谐共生。增长关于自然界的各种知识，不但陶冶了情操，而且抚平了车水马龙的现代生活所带来的焦虑、烦躁、失眠和低效率，使得市民可以从压力较大的生活模式下解脱出来，找到放松身心和亲近自然的渠道与途径。人与自然和谐的生活模式得以维护。

既然湿地的存在为净化水质、改善气候、提升居民的幸福指数发挥了较大的功能，那么居民在享受这种生态红利时，其对于生态保护做出的贡献与牺牲已经以这种方式得到了部分补偿。

上述生态补偿方式，在理论上和实践中有不同的分类，比如有人将提供产业扶持、就业岗位以及生态变现、技术指导等方式称为通过生态资源要素进行补偿，将提供基础设施、住房等称为提供物质补偿，而将其他方面称为其他补偿措施等。这些补偿措施各有利弊，在使用时有时采用单一方式进行补偿，比如仅提供补助金等，但更多的时候是多种方式进行结合，一般来说是将资金补偿与非现金补偿方式相结合，比如在提供公益林补助金时，同时提供生态护林员的岗位，或者同时进行林下经济等方面的产业合作与技术指导。再比如在提供生物用药、科学施肥浇水的技术时，同时对于科学使用土地、提高土地地力的行为进行资金奖励。再或者在进行土地租金支付时，同时进行收益分红和基础设施改善等方面的补偿。

---

① 浙江：绘出人与自然和谐共生的生态画卷［EB/OL］.（2020-4-21）［2020-5-6］.https：//new.qq.com/omn/20200421/20200421A0FZ5700.html?pgv_ref=sogousm&ADTAG=sogousm.

第三节　湿地生态补偿的条件

生态补偿的具体标准与数额固然重要，但是生态补偿的条件也极为关键，即当为新建、修复、改善、保护湿地生态而做出的贡献和牺牲达到何种程度或者付出了何种成本才可以得到生态补偿。只有符合了生态补偿的条件，保护湿地的相关群体才有可能得到生态补偿，而为保护湿地所付出的努力和所遭受的损失只有被纳入湿地生态补偿的范围，接下来才会涉及湿地生态补偿的具体数额问题。

概括来讲，目前的生态补偿支付的条件主要有投入支付和结果支付两种。[①]

一、投入支付条件

投入支付条件是指以生态服务提供者为生态的改善付出的土地、水域等自然资源，投入的劳动以及实物（如树苗、草种）、资金等直接成本，加上因此而丧失发展机会、营业利润、收入产出等机会成本作为确定是否应该获得生态补偿以及应该获得多少生态补偿的条件。具体可以包括：

（一）直接成本

直接成本即为了保护与改善湿地生态环境所投入的自然资源的价值，投入劳动的时间与强度，投入实物的价值以及实施的工程造价等。

① 王清军.生态补偿支付条件、类型确定及激励、效益判断［J］.中国地质大学学报（社会科学版），2018（03）：56-69.

投入的土地、水域等面积与等级。在我国，自然资源如土地和水域等都是有价值的。尽管土地的价值究竟更多地表现为使用价值还是交易价值暂且不论，自然资源在人类的发展过程中发挥了重大的作用。土地、水域等自然资源不但具有巨大的经济价值，而且具有重要的社会价值与生态价值。土地、水体的使用价值与交易价值在某一特定时期是相对容易估量的，但是其社会价值与生态价值还未被社会所普遍认识，所以其价值还未能通过一定的价格得以表现出来。但是值得庆幸的是，该部分价值也越来越得到社会的重视，其价值的评估方法也在积极探索中。而且，我国已经建立了自然资源的有偿使用制度，所以相对而言，土地、水域的价值还是能够被确定的。而在湿地的新建、修复、保护等过程中，势必会涉及对土地和海域的征收征用问题。征收征用土地和水域，就会涉及征收补偿的问题，产生相应的费用。另外，征收征用土地和水域还会涉及土地上或者水域之中的建筑物、构筑物、网箱、堤坝等的拆除问题，养殖捕捞器具、地上青苗、水中鱼虾等的处理问题，所以对土地上或者水域之中附着物价值的补偿，也构成了湿地生态补偿的直接成本。

为了修复湿地的功能，或者为了维持湿地功能的发挥，还需要投入一定的实物。比较常见的如植树种草、栽花养鱼等，这就涉及树苗、花木、草种、鱼苗等的费用问题。相应的种植、养护器具费用等，如清运的车辆船只、植树栽花的铁锹水桶等也是湿地保护所需要的。而且作为湿地生态系统运作必不可少的水，也是有价值的，因此当需要对湿地补充一定的水量，也要支出相应的费用。此外，为了保证湿地的水质而发放给农民的有机肥料、替代性农药等，也构成了湿地保护的成本。

为了保障湿地的自然特性的维护，使之能够发挥较好的生态功能，还需要将资金与一定的劳动相结合。比如植树种花需要劳动力，清理湿地中以及周边的垃圾和有害动植物需要劳动力，进行海湾、河道、水域的巡视，防止偷猎、捕鸟、电鱼、捡拾鸟蛋、恐吓鸟类等行为发生，也需要劳动力。此外，普及湿地保护知识，对湿地进行科学研究，对湿地生态系统进行评估、检测，湿地宣传、科研活动的开展也需要劳动力，而这都构成了湿地保护的成本。

为了保护湿地的生态环境，在必要时实施一定的工程项目，比如建设城乡的污水截留管道、实施水质净化工程，实施河道清淤工程或者建造蓄水坝，建造观景台，观海步行道，人工礁石，人工扩大滩涂面积，建造观鸟的防护屏障等等，这一系列的工程项目的实施，既是对上述各种湿地保护成本的综合，也含有新的成本——工程的成本（含规划、实施等成本，新的附着物等建造成本等）。

（二）间接成本

间接成本主要是指为了保护湿地，而对相关群体的权利进行收回或者实施一定的限制，致使相关群体丧失的发展机会、营业利润、收入产出等机会成本，也即某种发展权的丧失。

为了保护湿地，往往会对周边的企业的排污行为进行限制，比如提高了污水、废气废渣的排放标准，使得企业不得不在环保设备上增加投入。更有甚者会直接禁止企业在特定地域内从事生产行为，要求其进行转产升级或者企业搬迁。转产或者企业搬迁不仅涉及企业直接生产成本的支出，更重要的是会影响到企业的发展机会，使得企业丧失在原地或者生产原种产品之下的企业利润。

为了修复湿地已经退化的功能，在实践中也会涉及禁止农民使用对湿地污染大的农药、化肥，而给予替代性的有机化肥或者毒性较弱的农药，这些农药和化肥因为其功效可能会导致农作物产量的降低。这一点在实践中极为常见。因为目前，环保又高产的农药和化肥相对较少，所以当仅在某一地域限制农药和化肥的使用，可能就会使得其他地区的害虫蜂拥而至，对农作物造成致命的伤害，从而导致减产。或者，因为该区域实施滴灌等节水农业，导致土壤盐碱化，生产能力下降。而且，在实践中，有些地段直接禁止农民进行耕作，这对农民收入的影响更为明显。

为了保护湿地的核心功能区，禁止任何开发利用，可能会使得原来依靠湿地生存的群体因为其对湿地的采摘、捕捞、收割等权利的限制而导致收入降低，或者因已被许可的住宿、餐饮等权利被撤销而有利润的损失等。比如，某人在湿地保护区被许可经营餐饮店，现在因为国家保护湿地，禁止人群进入保护区进行旅游参观、禁止捕捞湿地中的特产小银鱼而导致光临者稀少，收入锐减。

上述收入的减少其实是相关主体的发展权受到限制或者丧失，其丧失的价值也构成了湿地保护的成本。

以对湿地投入的多少进行补偿，关注的是对湿地保护投入的过程，关注的是生态保护与生态修复的过程性的努力，并不考虑投入后的生态保护的结果，所以其优点是可以让生态服务提供者在较短的时间就能得到补偿，且补偿的多少与投入的成本有密切的关联，以此可以激励提高投入的积极性。将生态保护结果的不确定性忽略不计，让人们只要专心投入就能得到补偿，因此可以较好地引导和激励人们增加对湿地的各项投入。该种补偿条件在实践中被大量使用，说明其确实具有简便、易于计算、回报期较短、回报率确定以及稳定等优点。

一般情况而言，在投入方式科学合理的前提下，多投入原则上最终会带来良好的结果。但是，其缺点是激励人们较多地关注投入的过程，而忽略了保护效果，由此可能使得即便投入较多人力物力，保护效果仍不明显，投入与产出不成比例。比如，在对湿地进行植被覆盖率的修复中，仅以投入作为补偿条件可能会导致修复者“管种不管活”，把植物栽种上最为要紧，至于该植物是否适合该湿地环境，长势如何，能够对湿地的保护产生多大的作用则难以顾及。所以，这种补偿条件适合用在生态补偿的初级阶段，即湿地的生态保护刚刚起步，短时间内不能见到明显的生态保护效果的阶段。

这种支付条件需要对生态服务提供者进行有效的筛查，选择那些既有保护能力又有保护意愿，确实能够提供优质生态保护的群体来提供湿地生态保护。而且，在这一补偿条件下，要有科学的前期规划与坚定的严格的后期监督（监督者选择哪一方，如何实施监督，监督评价会对补偿的结果产生何种影响是需要明确的）。[①]采用合理的方式对其进行监督，以保证最终的生态保护的效果输出良好。如森林生态补偿以林地的面积进行补偿等，这在我国立法中已经有所体现，但是，因为投入生态保护的时间并没有科学证据证明其与生态保护之间有何种紧密的联系，所以单一的以投入的时间作为判断标准的并不多见。

二、以保护的结果作为支付条件

结果支付强调以生态服务提供者提供的生态产品的价值或者生态服务的多少作为是否进行生态补偿的条件，比如以某个地点的出水横断面的水质、水量或者空气中各主要判断指标等作为是否支付补偿的条件。一般而言湿地生态改善的指标主要有以下几种：

（一）简单指标

简单指标是指以单一指标或者较少的几个指标作为判断是否给付补偿的条件。比如，2010年启动的国内首个跨省流域新安江生态补偿机制试点。选择几个皖浙两省跨界断面，并要求断面中的高锰酸盐指数、氨氮、总氮和总磷4项指标总体要达到既定的指标，作为补偿给付的条件。到了2015年启动的第二轮试点，提高了7%考核标准，监测项目从原来的29项增加到109项。九洲江流域上下游横向生态补偿的协议（2018—2020年）中选择九洲江流域的山角断面作为考核监测断面，考核指标为《地表水环境质量标准》（GB3838—2002）表1中pH值、高锰酸盐指数、氨氮、总磷、五日生化需氧量5项，以中国环境监测总站确定的水质监测数据作为考核依据。跨省界断面水质年均值达Ⅲ类水质标准，并要求跨省界断面水质月均值达标率要在协议期内逐渐提高，2018年达到75%，2019年达到83%，2020

① 王清军.生态补偿支付条件、类型确定及激励、效益判断［J］.中国地质大学学报（社会科学版），2018（03）：56-69.

年达到100%。[①]福建、广东的汀江—韩江流域水环境补偿，目标要求2016年和2017年汀江、石窟河（中山河）、梅潭河（含九峰溪）跨省界断面年均值达Ⅲ类水质，水质达标率100%，象洞溪跨省界断面年均值达Ⅴ类水质，2016年至2017年达到Ⅴ类水质的比例为50%～100%（具体比例数值可由两省协商自定）。考核指标为pH值、高锰酸盐指数、氨氮、总磷、五日生化需氧量5项。云贵川三省关于赤水河流域水环境横向补偿资金，规定只要省际入境水质达到Ⅱ类标准即可获得补偿。

（二）内涵指标

以湿地功能的发挥情况作为生态补偿的依据。湿地的功能主要有以下几点。

1. 调节气候，净化空气

湿地是天然空调和天然的加湿器。湿地的气温变化较为和缓，在夏季能够降低周围的气温，青岛之所以能成为避暑胜地，与拥有大面积的湿地是密不可分的。所以湿地对青岛的旅游业、房地产业等都有较大的贡献。湿地还能够增加空气的湿润程度，使得青岛市5～9月份的空气湿度大幅度得到提升。

湿地可以净化空气。空气中大量的二氧化碳被湿地植物吸收用来进行光合作用，释放出巨量的氧气。此外，湿地还能有效地收集和储存植物残体分解产生的二氧化碳。其地下的泥炭层也能储存有机碳，减少向空气中排放二氧化碳的量。

2. 净化水质，保障水量

湿地是天然的污水处理厂。各种营养物质、污染物质以及泥沙随着水流汇入湿地，湿地可以将富有营养的物质通过特殊的湿地植物进行降解和转化，如特殊的水生植物芦苇、菖蒲等，可以对铝铁锰铅等元素进行特殊

① 余锋，昌苗苗，赵威.粤桂签订九洲江流域生态补偿协议［N］.广西日报，2019-01-10.

的结合，将其固定在植物体内。然后通过水生植物的收割、运输和使用又被带出了水体，如此，则起到了净化水质的作用。

湿地具有蓄水功能。湿地特殊的结构——草根层和泥炭层可以很好地蓄养水分，湿地的地表层以及湿地中的植物体内都可储存大量的水分，所以湿地具有较强的蓄水功能，又被称为是天然蓄水池。每公顷沼泽湿地可以蓄水2 000～15 000立方米。湿地通过吸纳营养物质，将富余的营养物质集中在湿地范围内，减少其向海洋或者河流进行转移的可能性。

湿地可以有效地补充地下水，由于其特殊的地理构造，湿地可以与地下水系统进行一定的汇通，其对地下的补充可以分为直接供给和间接供给。直接供给是通过沼泽土壤直接渗透入含水层，间接供给是指水通过湿地渗入周围土壤，再通过土壤渗入地下含水层。

湿地作为天然水库，可以让河流持续保持一定的水流量，使得周边生产生活用水问题能够得到较好的解决。

3. 为市民游客提供优质观光休闲体验，湿地为人民的创作提供灵感，为宗教文化的发展贡献了重要的力量。

4. 湿地孕育了丰富的水生动植物资源，为地球生物的丰富多样性做出了卓越的贡献。湿地的中的昆虫、鱼类、鸟类、各种植物的种类是陆地的2倍之多，湿地是重要的物种摇篮，为多个物种的孵化、生存（如鱼类的索饵）提供条件。也为大量珍稀鸟类提供重要的觅食停歇地和栖息繁衍地，为地球上的物种的保存起到了非常重要的作用。也为科学技术的进一步发展提供了可以利用的资源，如杂交水稻之父所用到的部分野生稻的品种就来自湿地。

5. 保障周边居民的生活生产安全

湿地可以调节洪水，并能够分流洪峰的到来对周边堤坝、村庄、田地等的冲击灾害。其可以暂时储存洪水，待最大洪峰过后再慢慢输出水，能够减缓洪水的流速，缓解短时间大量洪水给人类生活造成的损害。

河口、滨海湿地还有保护海岸，防止海岸土壤被海水侵蚀的重要作用。植物的根系以及一些残枝败叶可以减少海浪对海岸的冲刷腐蚀，如常见的海岸植物大米草的根系非常发达，是陆上植物根系的30多倍，可以有效减缓海浪的冲击力，大米草的根系还能分泌一种土壤黏合剂，增加土壤的黏性，以此减少泥土被海浪冲走的概率。红树林也可以消浪、缓流、促进泥土的淤积。

由此可以看到湿地具有丰富功能。考察湿地功能的变化有助于判断湿地生态效益是否增加，生态环境是否改善，即湿地生态功能的指标可以作为湿地保护好坏的判断标准。但是，我们也可以看出，湿地的有些功能和作用如调节气候、维护安全等，是难以用指标来具体衡量的或者难以在短期内衡量出来并作为生态补偿的条件的。如果将湿地的上述功能进行全面的评价，则必须要建立科学全面的评估体系，以此作为是否向受偿对象进行补偿的条件即是结果支付。

结果支付可以关注到生态服务产生的具体结果，针对生态服务的价值大小多少进行补偿，在投入小，产出大时，对生态服务提供者比较有利。这种方式不管你投入多少，只关心结果，因此有利于鼓励大家创新投入的方式，激励生态服务提供者在投入时更加用心，投入技术更为科学，且投入经过特定的时间段后就可以以较小的成本维持，持续地获得相应的补偿。

但是这种补偿方式对于生态服务提供者来说需要进行先期的投入，到时候能否得到补偿，还要取决于湿地保护的结果，所以具有一定的风险性。另外，这种方式还要取决于补偿者对结果的认可程度，需要依赖于生态的监测结果。但是，在实践中，不同的生态受益者受益的方面不一样，关注的重点不一样，而生态服务产生的效益是多方面的，既有社会方面的、生态方面的，也有经济方面的。因此，在补偿者仅根据自己的经济发展需要，从中选择生态服务的某个指标作为补偿的依据时，补偿就难免有失偏颇，生态服务的提供者可能就无法得到全面的补偿。比如在流域补偿中，通常以特定地域的出水横截面积的水质、水量作为判断标准，但是流域生态环境的好转，实际上提供的生态服务却是多种多样的。所以这种补偿受制于受益者的需要，并且判断指标的选取是否科学，是否能够全面地说明生态保护的结果还是未知状态。这一种补偿适合用于生态补偿建设比较成熟的后期阶段，双方对于生态保护的结果已经有了一定的预期和判断，前期的大量投入也已经完成的阶段。

DI SAN ZHANG

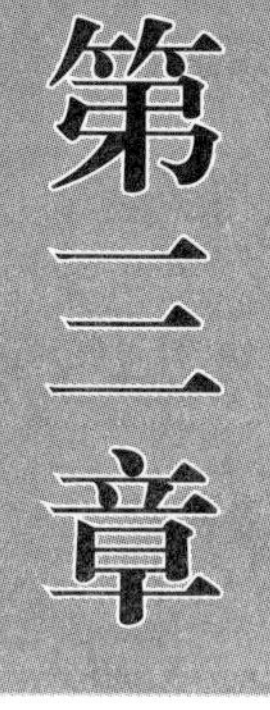

第三章 青岛市湿地生态补偿实践中的缺陷及原因分析

第一节　青岛市湿地生态补偿实践中的缺陷

随着对湿地价值认识的不断加深，我国在湿地生态补偿方面累积了大量的实践经验，取得了显著的进步，但是我国湿地生态补偿实践中还存在一定的缺陷。

一、湿地生态补偿主体和受偿对象模糊

由于长期以来学界对于湿地生态补偿范畴的认识并未统一，进而导致在我国学术研究、立法和实践中，湿地生态补偿的补偿主体和受偿对象也并未达成一致。

（一）湿地生态补偿主体类型单一

目前，湿地生态保护补偿主体主要是政府。在大型生态补偿项目国家湿地公园的建立过程中，中央政府会参与并拨付资金，其他的生态补偿资金则主要依靠地方政府。青岛市湿地生态补偿资金也是主要依靠市和区级财政，从市场层面获得的生态补偿资金非常少。在实践中，即便是有与市场接近的横向支付，也是政府之间的相关行为，如对于水质与空气质量的奖励和赔付的资金，也是由责任辖区的区级财政向市财政额外缴纳。这一补偿与被补偿不能真正反映受损者与受益者的对应关系，不能激发参与保护的个体自觉保护的动力。尽管从实施效果上看，水质与空气质量有了一定的改善，但是从获得补偿金的区域（西海岸新区、崂山区等）来看，这些区域本身为生态环境较好的地区，而原有的生态需要提升的区域，其环

境改善力度相对较小。

诚然，政府作为公共产品的提供者，其自然是最为重要的补偿主体。但是，除了政府之外，是否就不存在其他补偿主体类型呢？党的十九大提出建立多元化生态补偿机制，构建政府补偿为主，市场补偿和社会补偿为辅的补偿机制，因此，在国家的设计中，补偿主体应该有政府、市场交易的双方以及社会中的组织与个人，如社区、居委会、公益组织、志愿者等。但是，目前其他主体作为补偿主体的实践在青岛市只有零星数例而已，更多情形下政府成为补偿主体。

（二）没有在法律层面上明确受偿对象

1. 政府不应该在任何情况下都是适格的受偿对象

目前，受偿对象主要是政府，企业等其他主体成为受偿对象的机会较小。当然，政府作为受偿对象具有一定的合理性。毕竟，湿地生态系统还存在着依人类目前科技水平无法探究的其他功能，人们应为其提供保护和补偿，尽量让其恢复原状，以维持人类的可持续发展。在法学视角下，就是对人类整体利益的维护，但是人类整体利益必须要有一定代表者，因为在实际操作中，人类无法全部参与。根据公共信托理论，国家是唯一的最佳代表者，所以政府应为受偿对象，只不过政府的地位在具体湿地生态补偿实践中会以不同的表现形式来体现。

现在青岛市对许多湿地补偿采用项目制，如对胶州湾湿地实施蓝海整治项目或者国家湿地公园建设项目。项目制的补偿模式更关注补偿区域和受偿区域的整体利益，一般政府作为该项目中利益方的代表来签订协议，受领利益的补偿。但是，政府代表受领的补偿是否应该再具体地向下分解与传递？哪些主体应该得到分享？上述问题并不明确，即目前，受偿微观利益主体虚无。[①]

---

① 杜群，车东晟.新时代生态补偿权利的生成及其实现——以环境资源开发利用限制为分析进路［J］.法制与社会发展，2019（02）：43-58.

另外，政府是不是在任何情况下都适合作为受偿对象受领补偿？毕竟政府具有多重身份，在许多情形下，政府仅是利益的代领者与分配利益的协调者，此时，如果政府同时成为被补偿的对象，可能其由于身份的限制而不能从更全面的角度为湿地受补偿权利人争取最大的利益。

2. 贡献者未被列为受偿对象

现行受偿对象一般仅包括受损者，而且一般是直接受损者（因生态保护导致的退耕还湿，以及退养还海等活动中耕地被收回或养殖被取缔、海域使用权被收回、土地被征收的情况下受到损失的群体），例如《武汉市湿地自然保护区生态补偿暂行办法》将湿地生态补偿限定为政府对受损者的补偿，或是因为生产经营受限或是因野生动物取食而受损，但是并没有包括对贡献者的补偿，也没有对湿地生态系统的补偿。《北京市湿地保护条例》也规定市或者区、县政府对受损农村集体经济组织或者农民补偿。

对于贡献者而言，湿地生态系统的公共性以及对其保护所带来的正外部性会使社会利益增长，但往往并不能给贡献者带来任何利益，这显然有失公平。

3. 受偿对象存在重复

目前，青岛市的部分法规政策中对湿地补偿的受偿对象的规定存在重复，比如《青岛市生态补偿奖励补助资金管理办法》中第十八条规定，接受水源地补偿资金的镇、村，应当同时履行保护生态湿地，改善水环境，整治集中式畜禽饲养场、屠宰场，推广生态养殖，发展生态农业等义务，而保护湿地所要求完成的任务中又涉及湿地保洁工作，组织人员打捞漂浮物，保护水源涵养林、护岸林以及湿地植被等义务，这就与水源地保护要求的义务和海域生态公益林保护要求的职责出现重复。以此，出现了水源地生态补偿与湿地补偿和耕地补偿的重合。

总之，我国现有湿地生态补偿立法和实践并没有将湿地生态补偿中的补偿主体和受偿对象做全面规定，生态补偿当事人模糊不清。

二、市场化补偿不足

（一）补偿资金主要来自政府

现行湿地生态补偿实践主要是政府主导型补偿，从资金来源看，青岛市现有的湿地生态补偿实践，主要是以政府拨付资金对进行补偿。目前青岛市比较重大的湿地保护项目，如胶州湾保护、大沽河口湿地保护、唐岛湾湿地保护，也主要是通过中央财政转移支付，辅以市级财政预算拨款进行保护项目的各项支出。比如通过从中央政府获得蓝湾整治资金，然后开展相应的生态保护工程，或者通过申请设立国家级、省级湿地公园、湿地保护区来获得相应政府资金的支持。

政府作为补偿主体，虽然发挥了最重要的作用，但是很明显，目前湿地生态补偿实践效果并未达到预期。导致这一结果的因素很多，但政府投入资金不足无疑是主要的。目前，湿地生态补偿资金主要来自中央和地方财政，从现有数据来看，中央财政投入要支撑全国湿地生态补偿无疑杯水车薪。例如，2014年，中央财政拨款15.94亿用于四省试点，且范围并非仅限于湿地生态补偿，而且补偿范围也比较狭窄。除了中央财政外，地方财政也要负担一部分资金，然而凡需补偿的区域往往也是经济发展比较落后的区域，当地财政负担较重，即使财政情况较好，财政支出范围还需涉及经济发展、教育等其他方面，并无余力进行有效的生态补偿。

目前补偿资金缺口非常大，先不论对湿地生态系统的补偿，就是连周围居民经济损失的补偿也无法达到，例如原来鄱阳湖自然保护区居民的主要收入来源是渔业（43%），以及种植业和其他经济活动的结合，如种植加养殖（21%），种植加养殖加非农收入（占21%），保护区设立后，农户的年均收入大幅下降。收入下降的主要原因有以下五点。第一，农田数量减少引起农业收入下降。第二，捕鱼受限制，也不能通过打猎、打草获取收入。第三，逐年增多的鸟类因缺少食物而食晚稻和蔬菜。第四，大部分湿地为草地，限制放牧和畜牧业发展。第五，地方病危害：因保护鸟类，引起血吸虫病患者比例上升。[1]1998年，地方政府曾对农户进行过补偿，但补偿标准过低，且没有持续下去，尽管期间又加大了奖励等资金安排。2011、2012年九江市、江西省也分别进行了湿地生态补偿的调研，但补偿标准并不明晰。

青岛市也存在同样的问题，资金缺乏充足性、稳定性和长效性。

（二）湿地生态补偿项目的立项、推进和实施，也主要是政府主导

以蓝湾整治行动为例，从《蓝色海湾整治行动工作方案》的制定，到具体对137千米海岸开展整治修复的具体行动，包括对海岸线清理整治，各类违章建筑和海域养殖池拆除、蓝湾路慢行系统和沿海视觉通廊、景观桥梁的修建，以及对海岸带的绿化，涉海河道截污治污和综合治理，无不是西海岸新区政府在主动推进和实施。甚至三级湿地保护巡查机制和“网格化”执法体系的建立也离不开政府的推进。

（三）已开展的市场化交易由政府推动

尽管2014年《青岛市生态补偿奖励补助资金管理办法》强调生态补偿应坚持政府主导，市场和社会多元投入。但是，目前青岛市尚未建立市场化生态保护补偿机制。

青岛市目前区域湿地生态产品的交易开展较少，水权交易进展缓慢。即便是已经开展的横向补偿项目，也主要是由政府代表当地居民来签订的。在生态流域补偿中，从表面看来，生态补偿的双方依照平等的民事主体从事民事活动规则进行补偿的协商与谈判，但其实交易的双方主要是地方政府而不是从事生态保护应受补偿的单位和个人。即国家用统一标准控制生态环境保护区的土地利用行为，又从财政收入中拨付资金进行统一补偿。这一补偿无法反映受损者与受益者的个性化需求。其结果通常是将补偿与被补偿的关系和相互作用简单化，并可能导致与预期相反的效果。政

① 万本太，邹首民.走向实践的生态补偿：案例分析与探索［M］.北京：中国环境科学出版社，2008：200.

府主导生态保护过程中产生的扭曲影响效应进一步影响农民生态保护受偿意愿。[①]因此，在市场方式进行补偿方面，也并不是完全在遵守市场规律基础上由双方自愿达成的。

湿地补偿PPP项目如政府和污水处理厂和水产品经营公司展开合作，进行生态环境的改造，在实践中成功者较少，矛盾冲突较多，如2014年兰州威立雅水务的水污染事件，2015年西宁市第三污水处理厂项目爆发的公私双方冲突等，青岛市在这一方面成功的案例也较少。原因之一即政府身份多元化，政府并不单纯以经济利益为唯一的价值追求，而是需要实现诸如社会发展、社会和谐、生态保护等方面的目标。这在一定程度上与单纯追求经济利益的私人出现了目标分歧，另外在订约时，对出现情势变更该如何处理、违约责任如何承担等事项都没有进行明确，导致实践中契约的履行出现种种困难。

三、补偿范围较窄

（一）补偿被限定在特定的、重点的区域

根据2014年《青岛市生态补偿奖励补助资金管理办法》规定，生态补偿奖励仅以重点水源地和生态湿地、生态公益林为重点，以直接承担生态保护责任的农村基层组织、农户为生态补偿对象。具体到狭义的生态湿地补偿，则仅包括市级以上（含市级）生态湿地所在（邻）村的补助。而且相比重点水源地等其他的补偿而言，狭义湿地补偿范围非常有限，如在2017年度青岛市生态补偿奖励补助资金项目中，水源地保护381个村，生态湿地保护仅保护23个村。湿地的生态补偿不能仅局限于“湿地”要素所在的村或者邻村。因为生态湿地的保护与补偿牵扯到许多要素，山水林田湖

① 宋文飞，李国平，杨永莲.农民生态保护受偿意愿及其影响因素分析——基于陕西国家级自然保护区周边660户农户的调研数据［J］.干旱区资源与环境，2018（03）：63-69.

等种种要素都涉及其中，比如化肥等的污染是会顺着雨水从较远的地方迁移过来，因此，不能将湿地补偿的范围限定在狭义的湿地范围内。

再者，湿地保护日益受到重视，但是，湿地的补偿范围却没有跟上保护的脚步。青岛市不断扩大农业生态补偿和水源地补偿范围，如在《青岛市农业生态补偿资金管理办法》（青财农〔2018〕9号）文中表明，2018—2020年青岛市财政每年补助莱西市农业生态补偿资金3 728.65万元，加大了包括重点水源地在内的生态补偿力度。2019年，将农业生态补偿中的粮食主产区补偿政策从平度市扩大到西海岸新区、即墨区、胶州市和莱西市。并且2019年4月，通过印发了《关于扩展纳入地表水环境质量生态补偿范围水体断面的通知》，额外增加了21个水体断面进入水生态补偿范围。但是湿地补偿的范围却没有得到相应的拓展重视。

（二）补偿被限制在因保护生态环境而做出的牺牲上

目前我国湿地生态补偿范围往往只关注当地居民的经济损失，而对湿地生态系统的补偿和对贡献者的补偿则关注很少。现有的生态补偿金的发放被限制在污染防治的工程实施、企业搬迁、退耕还林、生态移民等方面，即对某地进行生态补偿的前提是其为生态工程建设、生态保护支出了直接成本。具体到青岛市也不例外，《青岛市生态补偿奖励补助资金管理办法》第二条认为生态补偿资金是“因保护和恢复生态环境及其功能，经济发展受到限制的镇和村给予经济补偿而设立的奖补资金”。其补偿原则也是“谁受损，补偿谁”，即补偿被限制在因保护生态环境而做出的直接牺牲的补偿上。

另外，《青岛市对平度市生态补偿转移支付办法》第四条也规定：市级转移支付资金补助对象主要是因实施生态红线保护使经济发展受到一定影响的区域，且仅针对上述补偿区域所在地的人均纯收入低于当地平均收入水平的农民，给予适当补助。由此可以看出，其名为补偿，实质上仅为对牺牲损失的弥补，并且这一牺牲损失，主要是直接成本进行的补偿，并不是对发展权损失的补偿。而且补偿范围并未包含周边村镇对保护、重建、修复生态环境具有贡献者。

四、补偿标准不科学

补偿标准从表面上看是数字，是纯粹的科学判断。但实际上，补偿标准的确定是政府对经济发展、社会稳定、生态保护等多方面因素考量的结果。过高则会影响经济的发展。如果政府补偿，虽然我国目前经济高速发展，但各级政府仍然没有足够的财力来应对提高补偿标准所带来的损失；如果开发利用者补偿，将会增加企业的运营成本，尤其对于中小企业，其发展将会更加艰难，在我国中小企业多、大企业少的现状下，我国经济必然会受到很大影响。而补偿标准过低则无力抚慰受损者、贡献者或者受损的生态系统，不利于湿地的维护。所以补偿标准必须科学合理地确定，目前，青岛市补偿标准存在以下不足：

（一）标准不统一且多变

青岛市根据不同的区域使用不同的补偿规定与补偿办法。比如《青岛市生态补偿奖励补助资金管理办法》第六条规定大沽河生态补偿暂不纳入本办法市级生态补偿范围。其他河道及水源地的生态补偿政策由区（市）自行制定。其明确表示，大沽河生态补偿结合大沽河管护和沿岸农业园区建设一并考虑，其考虑的补偿因素和补偿标准都不同于其他湿地。这一规定说明在滨海湿地和内陆湿地之间，补偿标准存在区分，大沽河流域湿地和一般流域湿地之间，也存在区分。

补偿的计算方式也不断发生变化，比如空气质量补偿中，青岛市的考核指标由原来的四项变为两项，后来又调整为三项，考核的权重也不断发生变化，数额不断提升。虽然，随着社会的发展，补偿数额进行适时的调整才能顺应时代潮流，考核指标经过调整才能更为科学合理。但是不断变化的标准也带来不确定性，使个体的环境保护行动失去了持久的目标，不利于长远生态改善目标的实现。而且，数额由政府事先确定，未能体现出市场在生态补偿中的作用。

（二）补偿标准中未体现出湿地的生态价值

湿地生态系统的补偿要想纳入湿地生态补偿中来，还需将其转化为法律语言，因为法律调整的是人与人之间的社会关系，人与自然之间的关系还需进行法学的翻译，使其符合法学范式。那么湿地的利益如何转化成法律中主体的利益呢？很明显，湿地生态系统能进入法律的视野，并非是因为该生态系统自身的利益诉求而是因为湿地生态系统的受损已经影响到人类的生存和发展。所以，人们需要对湿地生态系统进行重新认识，其并非是无用之地或仅仅是人类生活资料和生产资料的提供地，相反其在人类的生存、发展，社会的稳定，人类情感的依归，文化的传承以及科技的发展等方面都发挥了不可替代的作用，湿地生态效益体现了经济效益、社会效益和生态效益的统一。

在全国范围内有学者通过虚拟基尼系数计算研究发现，生态补偿金中有73%以上是由生态资源的经济价值决定的，其次是治理成本。如此一来，生态系统非经济价值就被忽略。在青岛也是如此，补偿的标准距离其生态价值和居民的意愿都存在一定的差距。比如湿地的生态价值包括景观、水、生物多样性、泄洪、蓄水等许多方面的价值，就青岛的滨海湿地胶州湿地而言，因为其历史遗迹地理条件，其湿地景观的评估价值会更高，湿地水质的价值紧随其后，这些价值更为直观，也更好进行衡量判断。其次涉及湿地的面积、生态功能等其他方面的价值。还有学者通过计算得出气候调节和水产品生产是胶州湾滨海湿地生态系统的两大核心功能，20年内，在不考虑生态效益折旧的前提下，区域内海洋滩涂生态系统总价值约为82亿元。并结合胶州湾滨海湿地的生态系统服务价值及居民意愿调查，估算出当地生态补偿的上限和下限。生态补偿标准上限为3 263.25元/（亩·年）；采用条件价值法核算得出研究区生态补偿下限为2 513.00元/（亩·年）[①]。

但是，根据《青岛市生态补偿奖励补助资金管理办法》和《青岛市对平度市生态补偿转移支付办法》的规定，其对重点水源地村（含重点库区移民村）、生态湿地村按照每村15万～25万元标准进行奖补，对生态公益林所在村按照每亩30元标准进行奖补。这一补偿标准与应为的补偿额度相比偏低。

（三）标准不够细化，未能较好地体现出贡献与回报之间的关系

尽管青岛市生态补偿的相关规定中明确提出，青岛市的生态补偿不搞平均分配、不搞一刀切，但遗憾的是，无论青岛市的生态补偿法规政策还是实践，皆未能较好地贯彻这一原则。青岛市生态补偿奖励补助专项资金的分配是以相关资源所在村数量和公益林的面积为依据，实行定额补助，从2015年到2017年补偿标准没有发生变化，也就是说2016、2017年进行生态补偿时，其补偿奖励资金分配的依据仍然是2015年度各地方申报的水源地村、湿地村、公益林面积等数据，无论是生态湿地面积增加还是减少，补偿依据不随之做相应的改动。这说明了青岛市在生态补偿的标准方面仍存在指标粗略、不够细化和明确的问题，另外实际上湿地生态保护的成效也不能在实际上反映到生态补偿的数额中去，因为在生态补偿开始前，未能将各地区的绩效目标予以明确，所以在生态补偿资金发放时，也无法根据生态保护的成效，科学分配补偿资金。

《青岛市对平度市生态补偿转移支付办法》第四条也规定：市级转移支付资金补助对象主要是“因实施生态红线保护使经济发展受到一定影响的区域”。且仅为“上述补偿区域所在地的农民人均纯收入低于当地平均收入水平的”，才给予适当补助。由此可知，从事青岛市的生态（湿地）保护的相关群体，能否得到补偿的评判依据是其收入是否低于所在地农民的整

① 毛振鹏，慕永通.海洋滩涂生态补偿意愿的实证研究——以山东省青岛市西海岸经济新区（黄岛区）为例［J］.中共青岛市委党校青岛行政学院学报，2014（01）：48-51.

体收入水平。在此，并未区分人均收入低下究竟是因为对环境保护做出了牺牲而发展受到限制，还是基于其他原因导致的，而是凡在该区域内的低收入者一律进行补助。

从青岛市湿地补偿的目的可以看出，其对相应区域进行补偿的目的主要是为了增强其保护生态环境、发展社会公益事业能力，以促进区域均衡发展。促进区域发展均衡，一方面说明政府不允许某地区因为保护了环境经济发展受到限制，而其他区域因为其他地区做出的生态贡献而经济得到发展，从而出现区域之间经济不平衡的情况出现；另一方面也可以看出青岛市补偿的目的是希望建立长期促进的机制，但是这一促进是为了更好的保护生态环境，其既不是针对生态保护地区的损失进行的弥补，也不是对其贡献的认可与奖励，补偿的目的仅为增强当地发展公益事业的能力。

补偿的资金也并不是专项来自受益者的付费或者交税，而是来自一般的财政收入。如此损失和收益之间不能产生对应的联系，不利于受益者节约资源、保护土地，因为他们并没有为生态收益或者社会受益支付相应的对价；而损失者也没有保护土地资源的动力，因为政府的转移支付数额较低，不满足损失者的要求。

由此不难看出，青岛市生态补偿并未贯彻落实生态成果共享。

具体补偿资金的分配与立项程序的规范性关联度不高。即申请资金使用的项目可能实际上与水质保护、林地保护的关联程度并不大，对该项目进行投入资金并不能有助于生态环境的保护与修复，但是在立项时并未对此进行严格的审核。即在处理补偿资金与补偿项目的对应关系上，并没有将项目与生态贡献或牺牲额度建立有效的连接。因此，会出现个别区（市）项目实施内容与生态保护政策契合度不高、项目实施产生的生态效益不够突出的问题。

五、补偿方式不能实现生态收益的共享和可持续发展

（一）生态补偿的方式偏重金钱方式

青岛的生态补偿较多地采用给付拆迁补偿费、补助金和补贴等金钱方式。

1. 金钱补偿的优点

金钱方式有其优点，即相对公平，按照相同的标准进行发放，最终的补偿数额是确定的、明确的。金钱补偿不像产业合作补偿技术指导等补偿方式，需要有一定购买力的市场，才能使得产业合作或者所学习到的技术进行变现。且该种补偿方式不容易受到市场行情等变化的影响。在产业合作等补偿方式中，如果对于市场预估错误，或者市场行情发生较大变化，那么上述补偿方式就面临着挑战——不能实现持续变现，持续增收的目的。比如，今年受疫情影响，许多景区进出受到限制，旅游陷入低谷，就会使得从事旅游合作分红的被补偿者的收入受到较大的影响。

另外，金钱补偿的方式一般是一次性支付，比如拆迁补偿，也有的是分期支付，比如生态公益林补助是要按年支付的。目前开看，一次性支付的方式居多。金钱的一次性大量的支付，可以使得被补偿者直接能够感受到“付出—回报”的简单对应关系，可以较为清晰地表达“为生态保护做出的牺牲与贡献是会有回报的”这一理念。金钱的方式足够直接，能够简单地将影响湿地生态保护的行为被限制或者物品被拆除和补偿数额之间建立联系，而且这一联系是简单的、对应的。能够让被补偿者在当时当地就能够体会到付出与回报的关系。其不像提供基础设施改善或者提供社会保障等保障方式，不需要等到一定年龄后或者满足一定条件后或需要等待一定的时间后才可以享受到。

金钱补偿所需要的成本较少。因为金钱补偿不需要再进行工厂建设、技术培训、教育设施提供等其他设施场地的投入，可以由政府机构直接打到每个人的银行账户，比较难以被集体或者其他不法的个人私分与截留。

而且每个人的数额是清楚明白的，所以这种补偿方式的成本较低，方便补偿者实施补偿。

2. 金钱补偿的不足

金钱补偿有其优点，同时也伴随着缺点。一是金钱补偿中给付的金钱一般是固定的、明确数额的一次性回报，是不能持续增长的，所以生态保护的行为在这一次进行金钱回报后，后续可能就没有金钱收入了，而丧失金钱的持续刺激，也就相应地失去了这一补偿措施的激励作用。因为生态补偿的目的，从一个方面来讲是为了对湿地生态保护做出贡献者或者做出牺牲者的付出和损失进行回报或者弥补，另一方面则是通过这补偿措施，激励这一个体或者其他更多的个体都投入到生态保护活动中去，最终实现生态保护全社会的广泛参与。

但是金钱补偿一般是一次性的，其激励作用较为短暂。除了能在较短的一定时间内给被补偿人带来较大的激励以外，长效的激励作用难以发挥。因为人们总是健忘的，待这一金钱补偿结束一定时间以后，其激励作用也相应地降低了。而且一次性的金钱支付，易得也易失去。许多拆迁补偿者在得到大笔拆迁补偿后，没几年成为负债累累的贫困户的报道也是比比皆是。因此一次性的金钱补偿不能实现长久的激励作用，也不能保障补偿者的长远生活，既没有改变其行为的观念，也没有给予其更为健康环保的生产与生活方式。生态保护所做出的贡献在一次性的金钱补偿之后和生态贡献者、牺牲者无关。无论将来湿地价值得到怎样的提升，被补偿者都被排除在生态效益共享的行列。金钱补偿的方式不能使得补偿地区的群众共享生态红利，未能实现共建共享这一社会成果分配的指导方针。

而且，从马斯洛的需求理论来看，物质的激励只是浅表性的激励，精神的激励才是更高层次的激励。当物质激励成为一种规律性东西，或者在已经能够满足基本生活需求的基础上再进行激励，其效果自然不尽理想。

（二）非金钱补偿方式明显不足

青岛市生态保护取得了可喜的成果，被补偿者除了得到金钱补偿以外，还得到了生态景观补偿、社会保障补偿、就业补偿等，比如蓝湾整治实现了良好的生态效应。首先，民众休闲场所的选择增多。蓝湾绿道有利于游客享受舒适慢生活，居民可以去凤凰山公园房车露营地，也可以去“嘉年华彩虹桥”“后岔湾观景台”“石雀滩野花组合”“连三岛栈道”观光，还可以参加海岸线上的青岛国际啤酒节、青岛凤凰音乐节等大型娱乐休闲项目。旧日充斥着海鲜腐败味道和违章乱搭乱建的地区被鲜花和美景取代，被补偿者可以自在享受蓝天白云鸟语花香。给渔民预留的码头使得渔民出海比以前更便利更安全。

此外，海洋湿地相关的科学研究项目增加，如水上运动研学活动、鸟类生活习性研究生活多样性研究等。此外，青岛市也为受补偿者提供了相应的社会保障和就业岗位。但是这些补偿方式多数为短期的或者一次性的，是较为浅层次的、简单的补偿，缺少与环境质量同步提升的生态红利共享的补偿办法。比如，产业合作和技术指导补偿方式欠缺。青岛市尽管通过进行湿地保护，使得滨海旅游资源得到较好的发展，使得产业结构得到一定程度上的调整，但是，这一调整主要是旅游、休闲观光业，比如蓝湾整治吸引了很多游客，政府在海岸、湿地周边布置了滨水商街、饭店、书吧、咖啡馆、超市等，直接带动了周边商业和旅游业发展。优美环境增强了对资本和人才的吸引能力，许多项目纷纷落户青岛。但是，青岛市因为生态治理而调整的产业主要以消费性产业、房地产为主，而科研、生产类的产业相对较少，这使得青岛市产业结构调整的力度较小，促进国民经济发展的后劲不足，使得青岛市的经济受到外界环境以及气候等影响较大。比如旅游旺季一房难求，但是疫情期间，人们出行不便，青岛市滨海以前的发展受到较大的冲击。

青岛市为被补偿者提供的就业岗位主要是体力类型的巡逻、清扫、养护等简单的劳动岗位，智力型的、可持续的就业岗位缺乏，而且，上述岗位收入不高，与原有状态下的收入相比相差悬殊，因此，对当地群众就业的吸引力较小。而且，基于生态环境的提升而导致的土地的增值，被补偿者也无法分享。从青岛市的湿地保护来看，当其通过实施一定的湿地保护工程提升了湿地的生态环境之后，就会将湿地周边的土地收储，待时机成熟将之出让为旅游用地，以此获得巨大的土地增值，然而这一土地增值，政府并没有与为湿地保护做出贡献者或者牺牲者分享。既没有将他们保护的土地入股分红，也没有与之进行社区合作，而仅仅给予一次性的金钱为主的补偿，其后的生态价值与贡献者不再产生联系。

所以说，我国现行的湿地生态补偿过于依赖资金补偿，但这种输血式生态补偿不足以支撑湿地生态系统功能的可持续实现，自然也无法实现人类的可持续发展。而补血式生态补偿方式，例如技术补偿、政策补偿则能弥补输血式补偿的缺陷，使贡献者或者受损者得以可持续发展，弥补资金、实物补偿方式的不足。例如异地补偿的金磐模式，即在异地建立金磐扶贫开发区，通过地理优势吸引众多资质良好的企业入驻开发区，不仅增加地方财政收入，也为生态保护区居民提供了就业机会，提高了其生活水平，同时也使居民放弃传统作业方式，减少了对湿地生态系统的侵害，既避免了上游地区的致贫，又为下游地区提供了良好的湿地生态系统服务，一举实现了扶贫和补偿的双重功能。但是目前我国输血式湿地生态补偿方式并不占主体地位。

六、青岛市占补平衡制度有待完善

“占补平衡”这一概念最早是从土地占补平衡开始的，是我国为了坚持耕地保护的红线不动摇，保护耕地的面积不因非农业用途而导致总体数量的减少而采用的制度。如果需要占用耕地用于非农建设，那么就要遵循“占多少，补多少”的原则，对占用的耕地进行补充。因其有效地保证了耕地规模，保证了粮食安全，从而也间接控制了非农用地的开发规模，使得经济的发展与粮食安全与生态保护等能够保持动态的平衡，所以这一制度被我国的《土地管理法》所肯定。作为保护耕地的重要制度，从制度确立之初就不断被贯彻执行，重要性不断得到重申与强调，制度的内涵也随着社会的发展与现实情况的变化而不断得到完善。完善的耕地“占补平衡”制度，为随后的“湿地占补平衡”制度的提出奠定了基础。

2015年4月25日，《中共中央国务院关于加快推进生态文明建设的意见》中明确了我国湿地保护的生态红线（面积不低于8亿亩），湿地保护的底线和保护目标的确定，为不断消失的湿地扎紧了篱笆，也为“湿地占补平衡”制度最终提出提供了法律上的依据。因此，国务院于2016年11月30日印发了《湿地保护修复制度方案》，在该方案中，提出我国应建立湿地名录，明确湿地的保护级别和所处位置以及面积、功能各种生态指标。然后，如果要征收、占用在湿地名录之中的湿地，需要相应级别的部门的批准，如果经批准允许其转为其他用途，用地单位要按照“先补后占、占补平衡”的原则，负责恢复或重建与所占湿地面积和质量相当的湿地，确保湿地面积不减少。这是我国首次明确提出要实施湿地占补平衡法律制度的文件。

2017年12月13日，国家林业局修订《湿地保护管理规定》，再次重申湿地保护优先，建设项目应该优先选择不占用湿地的方案，不能仅为降低经济成本或者为了降低施工难度而不必要地占用湿地，或者将其转为其他用途，不得不占用湿地的，应该保证尽量少占湿地。如果经批准审核后确需征收、占用湿地并转为其他用途的，用地单位应当按照“先补后占、占补平衡”的原则，对湿地进行补充、修复。这一规定使得湿地占补平衡制度得到进一步的完善。在此背景下，2018年的《青岛市湿地保护条例》也贯彻了湿地保护的占补平衡制度，禁止擅自占用湿地或者改变湿地用途。一般情况下，只有交通、水利、能源等关系到社会公共利益的重大项目才允许占用湿地，并且需要经过政府批准，先补偿，后使用。这样规定，有助于从源头上抑制随意占用湿地，加强对湿地的保护。

尽管青岛市已经在地方性法规中明确了湿地“占补平衡”的要求，但是在经济发展的大旗下，胶州湾填海造地严重，滨海湿地损失较多，但是对于湿地的占用与损失，基本上较少采用湿地占补平衡的方式来额外补充湿地。因此，青岛市的湿地占补平衡制度主要存在以下问题：

（一）湿地占补平衡制度的规定过于原则

湿地占补平衡制度在青岛已经有了法律法规的规定，但是在青岛，这一制度仅有粗线条的勾勒，缺少具体细节的描画。《青岛市湿地保护条例》中更多的是在强调湿地保护红线的划定、名录的建立、禁止在湿地从事的行为以及违约责任承担等。其对于湿地占补平衡制度仅用一两个条文一带而过，规定得过于原则，缺少对占补平衡的范围、目标与要求，补充湿地的方法与来源，新增湿地储备制度，申请与批准的流程，湿地占补平衡方案和湿地修复方案，补充湿地的交易价格与平台等的详细的规定，并不能在实践中给予有效的、明确的引导。

湿地占补平衡没有得到像耕地占补平衡一样的重视。占补平衡的具体范围、实施方案、操作流程、如何交易等都未见规定。

因为湿地分为不同的种类，有湖泊湿地、滨海湿地、河流湿地和沼泽湿地等，占补平衡中补充的只要是湿地就可以还是必须是相对应类型的湿地？只有一般湿地可以允许占补平衡，还是所有类型的湿地如市级湿地、省级、国家级都可以改变用途，先补后占？这些问题皆未被明确。

占补平衡是否存在地域限制目前存疑。青岛市的湿地占补平衡究竟应不应该限定在一定的地域范围内？是仅在某个限定的范围内展开，还是可以跨区域开展？如果有地域限制，是所有类型的湿地都受限制，还是会有所区别？比如滨海湿地因为面积较大或者距离较远或者临近海洋，并不是在一个简单的县域范围内就可以进行补充的，因此补偿的范围如何确定？这些问题有待明确。

（二）对湿地补偿缺乏应有的重视

我国目前对于湿地保护的法律规定，从中央到地方皆有，但是通过分析可以看出，湿地的管理保护更多地以湿地红线的划定、湿地规划、自然保护区与湿地公园的建立、湿地环境影响评价、禁止在湿地从事某些行为等规定为主，对于占用湿地后应该如何补偿的规定较少。如对于被占用地区的人民因为湿地的消失而受到的损失如何赔偿？因为补充湿地而占用的耕地房屋等又该如何补偿？此种情况属不属于为修复、整治保护湿地做出了特殊的牺牲？上述问题目前在青岛都未得到解决。

因此，包括青岛在内的湿地占补平衡法律制度中，更多地考虑了“能不能占”的问题，如果能够占用，该如何补，补偿完毕后期该如何管理等问题被忽视。因此，这样的规定导致在实践中出现了补偿的形式化与虚化现象，导致在实践中湿地被占用现象还是屡禁不绝，使划定的湿地红线无法得到应有的保护。

（三）缺乏对湿地的功能与价值的科学衡量方法

湿地不仅具有经济价值还具有不可替代的生态价值和社会价值。因为湿地的生态价值与社会价值不像经济价值一样容易被人们所认识，容易采用客观的方式进行估量，而且自然资源当人民拥有时并不觉得珍贵，失去后才发现其价值，所以当人们在享用湿地带来的清洁空气、干净的水源、安全的居住生产环境、优美的景观时，理所当然地当成大自然的馈赠，很难会意识到湿地也是有价值的，也是有许多人为之做出牺牲与贡献的。基于此，湿地的价值与功能在实践中容易被低估甚至忽略。青岛市尽管开始探索湿地非经济价值的评估方法，但是，目前未能运用科学的衡量方法衡量湿地的功能与价值。而缺乏湿地的功能与价值定位往往会造成对湿地补偿的忽视。

（四）补充的湿地的质量与被占用的湿地质量不可同日而语

一般被占用的湿地要么处于都市的边缘，要么处于海岸线上，自然禀赋优良，生态功能如科研休闲等社会功能，水系循环、空气净化、生物多样性保持等生态作用发挥良好，但是新补充的湿地一般在荒山荒丘荒滩等土地贫瘠的地区，该地区原本无法用来植树种草，因此，对上述地区进行简单的水量补充，也因其根本不具备湿地的自然属性，而无法最终被修复为湿地。目前补充湿地以小规模、分散性、碎片化补充为主。这不仅难以得到与被占湿地同等质量的湿地，还会由于管理不方便，导致补充湿地后续逐渐退化或者消失。

现阶段，包括青岛市在内的许多城市，补充湿地只考虑面积是否相平衡，对质量、类型、生态功能、生态服务价值等其他指标是否相同考虑较少。所以这些年各城市的湿地占补平衡，更多地只是账面上的平衡。

（五）补充湿地的市场化程度不高

湿地补充指标的价格是由交易平台提供的，而目前，无论是交易的规则还是交易价格都是由政府进行确定的，且交易的当事人一般也是地区政府，即某一地区的政府将指标售卖于另一地的政府，并不是真正的市场交易。因此，交易的价格并不一定能够真实地反映湿地补充指标在市场上的稀缺性。更何况该指标出售后的收入并不全部留给湿地贡献者，而是要从中扣除湿地的开发整理成本，剩余的才分配给贡献指标的土地权利人。所以，目前湿地占补的运作市场化程度不高，权利人的利益得不到应有的保护，更何况，会出现受经济利益的诱惑而强拆强占等不法行为，对合法权益的伤害极大。

七、长效补偿机制未能建立

无论是从制度的稳定性还是从制度的长效性上看，青岛市都仍存在不足。

（一）法律法规层面，补偿具有短期性的特点

很长一段时间内，由于湿地生态系统独立价值并未被人们发现，所以对于湿地的生态补偿更多是对某项湿地资源的补偿，但是单项自然资源保护法以及涉及自然资源的物权法更多关注的是自然资源的经济价值，有偿使用原则并未关注湿地生态系统的价值。即使这样，我国现行立法也并未对自然资源物权人的权利进行合理的限制，补偿条款也不明晰，目前湿地生态补偿规定更多的是政策，具有短期性、项目性。

尽管青岛市一贯重视生态补偿工作，早在2015《青岛市生态补偿奖励补助资金管理办法》中规定，青岛市财政将每年投入1.35亿元，以建立生

态补偿奖励与补助的长效激励机制，逐步建立科学合理的生态补偿机制。在2019年，全市农业生态补偿资金共计1.990 4亿元。2018年10月，青岛市人民政府办公厅印发了《关于试行地表水环境质量生态补偿工作的通知》（青政办〔2018〕113号），在水环境监督层面开展生态补偿工作，建立区（市）级横向补偿和市、区（市）纵向补偿相结合的地表水环境质量生态补偿机制。

但是，青岛市湿地以及包括湿地要素的生态补偿制度仍然存在短期制度的特点，这一方面与青岛市上级政府的相关制度也不具有长效性有关，如《山东省人民政府办公厅关于修改山东省环境空气质量生态补偿暂行办法的通知》（鲁政办字〔2015〕44号），第九条规定，如果年度空气质量连续两年达到要求，省政府给予一次性奖励，下一年度不再参与生态补偿；如果再出现不达标的情况，则可以继续参与生态补偿。由此可见，在省级层面，也不曾建立真正长效的生态补偿机制。另一方面，青岛市自身的相关规定也不够持久，比如《青岛市生态补偿奖励补助资金管理办法》是在2014年制定的，在2019年底到期，《青岛市对平度市生态补偿转移支付办法》也只有三年的实施期限，也是在2019年底到期。而青岛市《关于地表水环境质量的生态补偿的通知》，也仅是试行。“青岛市蓝色海湾整治行动”也是从2016开始，到2019年终止。由此可见，青岛市生态补偿更多采用的是政策形式。政策性的生态补偿，虽然更具有灵活性，可以较快地适应变化了的社会现实，但是，其具有不稳定性，也不能固定和明确受偿主体、受偿依据等。所以，总体来看，青岛市生态长效补偿机制建立尚处于初步阶段。

（二）生态补偿制度与其他制度存在交叉

尽管理论界从明确生态补偿制度的宗旨、主体、客体、标准等目的出发，希望生态补偿制度是相对独立于其他制度的，是功能价值单纯、指向性明确的制度。但是从世界各国的做法看，生态补偿的具体制度许多都是被混合在其他的制度之中，如美国的湿地补偿制度就包含对湿地周边耕地使用的补偿、对鱼类等保护的规定等。我国亦是如此，在现阶段，我国的许多生态补偿制度是和其他制度密切结合在一起的，比如生态扶贫制度，粮食补贴制度，农村、城市垃圾治理制度，耕地、林地等保护制度，大气污染水污染防治制度，征收补偿等制度，这些制度尽管目标是为了扶贫，但是，另一方面，也客观地保护了生态环境，比如生态扶贫制度，其是国家通过遵循“绿水青山就是金山银山”的环境保护理念，坚持扶贫开发与生态保护并重，通过实施重大生态工程建设、加大生态补偿力度、大力发展生态产业、创新生态扶贫方式等，使得生态脆弱地区在解决贫困问题的同时保护了生态环境。而人民在改善了生态的基础上，生活条件与收入得到提高，使贫困人口从生态保护与修复中得到更多实惠，实现脱贫与保护生态环境的良性循环。这一扶贫制度其措施之一就是通过国家进行生态补偿资金的转移支付，从而实现脱贫致富，所以，生态补偿制度和其他的制度存在一定的交叉。

生态补偿制度与其他制度存在交叉，这主要是因为生态补偿，尤其是湿地生态补偿，涉及许多自然资源和其他要素的保护与补偿，客观上就会与其他制度存在交叉，但是这些不同的方面其生态补偿的方式与标准存在一定的差异，需要进行协调与统一，但是，目前全国范围内的协调统一工作都未能有效地开展。

（三）对于生态保护间接成本补偿规定欠缺

当权利人通过土地出让合同，获得某土地开发权，则其开发的范围、容积率等皆已固定，当建设用地规划许可证、建设工程规划许可证或者乡村建设规划许可证发放后，权利人的预期可得土地增值也会随之明确。假设其后因社会公益等原因，对于国家原有的土地规划许可进行变更或者撤销，导致国有土地上建设用地原设定的容积率或者开发强度降低，土地上期待增值也相应减少或者消灭。

在开发条件通过土地合同得以固定或者设计图纸等已经获得批准的情况下，对该土地的开发已经产生了可期待利益，尽管这一利益目前还不是现实可得，但是可以预见并且在将来是能够取得的。此时，若土地开发的预期可得利益受到损害，土地权利人应该有权获得赔偿。具体到我国，尽管2007年的《中华人民共和国城乡规划法》第五十条规定，因依法修改城乡规划给被许可人合法权益造成损失的，应当依法给予补偿。因修改依法审定的修建性详细规划、建设工程设计方案的总平面图给利害关系人合法权益造成损失的，应当依法给予补偿。但是，这一规定过于笼统，不具有可操作性，在实践中据此主张权益者胜诉率较低。

土地用途管制超过一定的限度，导致土地上的权利被严重限制，使得土地财产权无法行使或者增值途径严重受限，类似于土地被征收，此种情况下，无法通过国家赔偿或者一般的民事损害赔偿主张损失，我国目前实体法上欠缺相应的专门补偿制度。

我国土地用途管制是为实现社会公共利益，认为不论对财产何种程度的限制都是财产权所应该负担的义务，因此，不予补偿。如果财产权上的负担对于所有权利人不存在差异，且不涉及财产权核心权利（收益权）不能行使的问题，那么，这种限制无须专门一对一补偿。但是，如果只有部分土地接受限制而其他土地无须接受限制，或者限制的幅度相当于在实质上没收了财产权，若仍不进行损失补偿，则有失公平正义。在权利义务一致的原则下，既然财产权为社会公共利益而接受了特别的限制，则也应该得到特别的补偿。为社会利益而为的牺牲，也应该由全社会分担。但是，我国目前并没有关于该方面的规定，这使得在实践中，因为自然生态保护区的建立或者环境敏感地区特别保护的需要，土地限制开发或者禁止开发所导致的损失无法弥补。既然没有其他的主体对此予以补偿，那么损失只能由土地权利人独自承担。

第二节　青岛市湿地生态补偿缺陷的原因分析

一、现行立法效力低、缺乏可操作性

前已述及，生态补偿的准确称谓应该是“生态保护补偿”，尽管有专家认为“生态保护补偿的适用应限定于正外部性补偿，负外部性补偿不应纳入生态保护补偿范畴。”①，但是，根据对“补偿”的字面解释，“在某方面有所亏失，而在另方面有所获得的叫补偿”。所以从解释来看，生态保护补偿意味着因保护生态而受有损失，对其损失进行弥补，才叫作补偿。所以，生态保护补偿应该包括正负两个部分。在实践中如果想将生态补偿限定于正补偿，必须对该含义在立法中做出清晰的界定与说明。

湿地作为独立的生态系统，并非是各种资源价值的相加，湿地生态系统既包括资源也包括非资源，人类也是其中一环，而且除单个的生态要素外，能量流、物质流的互相转化一起共同构成湿地生态系统。湿地具有独特的价值，或者说其提供了独特的生态系统服务，所以当受益者享受到湿地的生态系统服务时，应进行补偿。我国目前湿地生态补偿的立法多是以办法、条例等形式出现，效力较低，《湿地保护管理规定》也仅仅用较少的条文宣示了因湿地保护而受损主体的补偿和湿地占用补偿。从条文表面

① 李奇伟，常纪文，丁亚琦.我国生态保护补偿制度的实施评估与改进建议［J］.发展研究，2018（08）：84-89.

来看，仅仅规定了受偿主体范围，但是补偿主体、补偿方式、补偿标准、补偿资金、补偿程序等都没有进行具体规定，没有任何可操作性。目前国家对于湿地生态补偿多是以政策的形式进行规定，缺乏权威和稳定的立法规定。即使是现有政策对湿地生态补偿有规定，例如补偿主体、方式、范围、目标和标准等，也并未统一。

山东省级的湿地补偿规定也不够细化，如《山东省湿地保护办法》《山东省地表水环境质量生态补偿暂行办法》《山东省自然保护区生态补偿暂行办法》《山东省人民政府办公厅关于修改山东省环境空气质量生态补偿暂行办法的通知》（鲁政办字〔2015〕44号）都更多是强调对湿地进行保护，修复和禁止填海造陆的各主体的义务，对为此遭受损失的主体如何提供补偿的规定却较少。比如《山东省湿地保护办法》第三十一条[①]仅提到县级以上人民政府应该建立与完善湿地生态保护补偿的制度，并没有对补偿的条件、形式、方式等问题进行详细的规定。《山东省人民政府办公厅关于进一步加强湿地保护管理工作的意见》（鲁政办字〔2015〕14号）倒是提到应该建立体现湿地生态价值的生态效益补偿制度，明确各领域的补偿主体、受益主体、补偿程序、监管措施等。并且规定最终要形成“奖优罚劣的湿地生态效益补偿机制”，因此，可以看出，在实践之中，对于生态补偿不但要奖励对生态保护做出突出贡献者，也要惩罚对生态进行破坏者。所以生态补偿的具体含义在省级规定之中也仍然是模糊不定的，是与生态补偿的科学内涵不完全相符的。

具体就青岛市湿地补偿而言，基本上与省级规定类似，对于湿地生态补偿具体的程序、条件、监管等具有可操作性的规定欠缺。早在《青岛市胶州湾保护条例》第三十一条就提出，政府应当建立胶州湾生态补偿制度。因保护胶州湾所采取的措施对相关权利人造成损失的，应当依法给予补偿；对其生产、生活造成影响的，还应当做出妥善安排。到《青岛市海

① 第三十一条　县级以上人民政府应当制定湿地保护及修复政策，合理安排资金投入，建立和完善湿地生态保护补偿制度。具体办法由省林业主管部门会同财政部门制定。

洋环境保护规定》（2015年修正）第二十二条也仅仅提到应严格保护滨海湿地等自然资源。没有生态补偿的规定，主要是对违法行为进行处罚的规定。《青岛市湿地保护条例》仅在第五条提到湿地生态补偿经费列入同级财政预算，第四十四条规定要对湿地生态保护做出突出成绩者给予表彰。《青岛市湿地保护修复工作方案》则是概括地提出，要坚持“谁受益、谁补偿”的原则，探索建立生态效益补偿制度，健全相关立法。到2020年1月1日起施行的《青岛市海岸带保护与利用管理条例》，也仍然没有详细规定生态补偿制度，仅在立法中提到要加强对海岸带湿地的保护。

从上述规定可知，尽管青岛市早就意识到生态补偿制度的重要性，也在湿地保护的相关立法中将之做了规定，但是现有的法律规定仅零星地、概括性地提及湿地生态保护的资金来源以及强调对生态保护表现优异的个人和组织进行表彰，青岛市对于生态补偿（包括湿地补偿）并没有专门的具有可操作性的、系统的具体的规定。

二、湿地权属制度不健全

根据我国现行政策和立法规定，湿地被界定为土地的一种类型，2000年国务院发布的《全国生态环境保护纲要》首次将“具有重要生态功能的草地、林地、湿地”[①]界定为生态用地，《全国土地利用总体规划纲要（2006—2020年）》也将湿地定性为基础性生态用地。[②]目前，生态用地的概念主要有生态要素决定论、生态功能决定论和主体功能决定论三种理

---

①《全国生态环境保护纲要》规定：“依据土地利用总体规划，实施土地用途管制制度，明确土地承包者的生态环境保护责任，加强生态用地保护，冻结征用具有重要生态功能的草地、林地、湿地。建设项目确需占用生态用地的，应严格依法报批和补偿，并实行“占一补一”的制度，确保恢复面积不少于占用面积。”

②《全国土地利用总体规划纲要（2006—2020年）》：严格控制对天然林、天然草场和湿地等基础性生态用地的开发利用，对沼泽、滩涂等土地的开发，必须在保护和改善生态功能的前提下，严格依据规划统筹安排。规划期内，具有重要生态功能的耕地、园地、林地、牧草地、水域和部分未利用地占全国土地面积的比例保持在75%以上。

论，但总体而言，生态用地是以生态功能为主的土地或者其生态功能重要或非常脆弱需要修复、保护的土地或者其功能的发挥依赖于土地生态条件的土地。此类生态用地往往属于环境敏感区，生态功能很容易遭到破坏，对该类型土地的侵害，不仅使人们经济利益受损，更使生态利益受损，其侵害的是人类可持续发展的权利。湿地给人类带来的不仅仅是经济需求上的满足，例如生产和生活资料的满足，其还是湿地物种的栖息地，还在维护生物多样性方面发挥着重要的作用。湿地面积的减少必然会使其生态功能减少甚至丧失，所以现行政策对以湿地为代表的生态用地保护不同于以经济功能为主的农用地和建设用地保护。但是由于我国立法远远没能跟上现实情况和政策发展，所以并没有将生态用地单独列出，而是将其化为非耕地农用地或未利用地。根据我国《宪法》《民法典》《土地管理法》以及《农村土地承包法》规定，我国土地所有权包括国家所有权和农民集体所有权两种形式。目前我国大量的湿地属于农民集体所有，土地又是湿地资源的载体，虽然非土地湿地资源具有独立于土地的价值，但是由于其与土地的紧密联系性，使得集体所有人在对土地进行盲目开发时，往往也会侵害到土地湿地资源，这是大量湿地资源被破坏的一个重要原因。

此外，湿地并非仅仅是土地，还包括多种资源，例如水、多样性生物，尽管这些湿地资源在现有立法框架下，绝大部分属于国家所有，国务院代表国家行使所有权，但是很明显国务院自身无法有效行使该权利，为了将所有权落到实处，所有权往往由国务院各部门和地方政府去行使，而在现实生活中，国务院各部门与湿地所在地联系一般较远，地方政府作为综合性管理主体也无法具体行使所有权，因此往往由地方政府的相关部门，或者设立独立的湿地管理机构来具体行使。虽然理论上不存在问题，但“政府失灵”不容忽视。管理机关在湿地问题上同时具有双重身份，一重是权利具体行使人，一重是管理人。何时是管理人，何时是权利具体行使人，对于管理机关而言，往往靠的是自身的判断。由于中国长期文化背景等因素的影响，对于管理机关而言，管理人的身份更为得心应手，这使得在面对不同的公私法律关系时，管理机关容易错位。湿地这类生态用地，具有社会公益性，必然强烈要求国家提供保护。这在现行立法中也得以体现：虽然生态用地在民法中存在确权性条款，但也存在授权性条款，其具有的引致功能，使湿地物权的保护联通于公法与私法之中。但是当国家管理机关出现于物权法律关系中时，由于湿地管理部门的碎片化，各相关部门之间可能存在的利益冲突会显得愈发紧张。

我国重要湿地往往以自然保护区的形式加以保护，但是目前立法中自然保护区的土地权属规定也不利于湿地管理。根据《自然保护区土地管理办法》第七条第二款规定保护区内的土地权属不因自然保护区的划定而改变，这也就意味着自然保护区的管理机关无法对保护区内的湿地进行有效管理。以黑龙江扎龙保护区为例，土地21万公顷，但除2万公顷可由管理机构管辖外，其余土地管理机构均无权进行管理。而且由于保护区同时位于大庆和齐齐哈尔两个行政区，更使土地管理处于混乱状态，管理权的混乱也加剧了物权的混乱。

湿地权属问题还要考虑事实利用的问题。也就是说湿地周围存在大量居民从历史上就依赖湿地为生，其并非享有法律上的使用权而是形成了事实上的使用权。长期以来，周围居民对湿地的使用并非合理使用，如何来限定合理问题，对于管理机关而言，如果不属于职权范围内，其也不愿意与居民产生正面冲突，往往听之任之，导致了湿地问题的加剧。所以国家所有权、集体所有权、事实使用权交织在一起，使得湿地破坏屡屡发生。

要对湿地进行生态补偿，权属清晰是必要前提。湿地权属不健全导致湿地生态补偿无法有效地进行，这也是现有湿地生态补偿试点中，受偿主体往往具有一定随意性的原因。

三、湿地管理的碎片化

湿地生态补偿的整体性要求与湿地管理的碎片化之间的矛盾是湿地生态补偿低效的主要原因之一。从环境法的发展历史来看，其经历了资源利用、资源保护与污染防治、生态系统保护三个阶段。长期以来，环境法的发展处于第二阶段，但由于自然资源法和污染防治法两大板块缺乏对生态系统整体价值的关注，导致环境问题并没有得到很好的解决。自然资源保护和污染防治事实上最终指向的仍然是整体生态系统。为了弥补这一缺陷，人们开始对资源的内涵和外延进行扩充，例如“20世纪70年代联合国出版的文献中提出：人在自然环境中发现的各种成分，无论它以任何方式为人类提供效益都属于自然资源。而英国大百科全书提出的自然资源定义为‘人类可以利用的自然生成物及生成这些成分源泉的环境的功能’”[①]。这样一种新型的资源观极大拓展了资源的范畴，但其还不能代表生态系统整体，正如前文所论生态系统的范畴要远远大于自然生成物和生态系统功能。随着人们对生态系统整体认识的加深，环境法进入第三阶段即注重生态系统保护阶段。生态安全进入到环境法的视野，其强调生态系统的安全，强调通过社会关系的保护来达到对生态系统的整体保护。但是由于环境法的第三阶段我国也进入不久，因此大量的第二阶段立法仍然发挥着作用，甚至可以说发挥着主要作用，这些立法在应对湿地生态系统整体保护方面力所不殆，这也同样反映在湿地管理体制上。其核心在于管理机构的设置、管理职权的分配以及机构之间的协调。

（一）管理机构的碎片化

1. 分部门管理的不适应

我国环境立法主要是对某一生态要素或自然资源要素单独立法，其管理模式也是根据生态要素来进行分割管理。湿地与湿地资源紧密联系在一起，作为土地类型的湿地是湿地资源的载体。因此，在湿地管理中，由于

---

① 吕宪国.湿地生态系统保护与管理［M］.北京：化学工业出版社，2004：228.

湿地涉及多方生态要素，很多部门的职权范围都会涉及湿地。尽管《湿地保护管理规定》对湿地生态系统功能、结构有机整体予以保护，赋予地方林业部门管理湿地的职能，赋予国家林业局协调等职能，但是同级的环保部门、水利部门、海洋部门、农业部门、国土部门等都具有职权对湿地进行一定程度的管理。

尽管这种资源部门管理模式有利于各职能部门发挥其专业化的优势，以更符合生态规律的手段来对自然资源进行管理，但这也使本应统一管理的湿地生态系统，被人为分割成各种湿地资源分别进行管理，各资源之间相互平衡的多维度联系被忽视，各部门之间利益冲突更是大大加剧了这种联系的破坏。虽然我们从学理到立法都将政府（包括各主管机关）看作社会公益的代表，从理论上讲，冲突不应存在，但不可否认的是，在现实运行中，政府也会失灵，例如各级政府（包括各部门）都有其自身利益，作为政府工作人员的“公务人”也无法摆脱其作为追求自身利益最大化的“经济人”本性，甚至还会出现寻租和腐败问题。所以即使在法律允许的范围内，各部门往往也会从自身利益出发，趋利避害，在有利领域争相管理，而在无利领域争相推脱。所以，由于湿地并非各种湿地资源的松散联合，其作为整体生态系统，具有独特的生态系统功能，分部门松散的湿地管理模式不利于我国湿地保护，在湿地生态补偿方面也无法从整体出发，对各方相关主体利益做出妥当的安排。

2. 管理机构职权分配不合理

湿地作为生态系统，其涉及大量湿地资源，但在我国现行分部门管理模式下，对某一项湿地资源往往规定了单一的管理机构进行管理，由于各资源之间联系密切，各管理机构之间必然会产生管理职权的冲突、交叉，而且湿地并非是按照行政区划进行划定，除人工湿地外，其是自然形成的生态系统，经常跨越多个行政区域，再加上我国重要湿地往往通过自然保护区模式进行保护，更加剧了管理职权的混乱。多部门、多层次的管理体制要想有效运行必须职权明确、分配合理，然而现实却恰恰相反。虽然现行法律较为明确地规定了各管理机构职权，但是湿地的整体性导致管理职权重叠或空白的现象时有发生。例如，在洞庭湖湿地自然保护区，根据现行立法，林业部门建立湿地自然保护区进行野生动物保护管理，农业部门组织管理农民在周边湖岸农田从事农耕活动，渔业部门负责组织管理渔民在湖区进行渔业捕捞作业，水利部门负责规划蓄洪、滞洪区和建设防洪工程，航运部门组织管理水上运输作业。[①]此外，根据《自然保护区条例》以及《湿地保护管理办法》规定，重要湿地设立自然保护区，一般应由林业部门享有湿地的统一管理权，但农业、渔业、水利、航运等部门并不受到自然保护区管理机构的约束，我国目前的湿地保护区管理机构只有权对保护区境内珍稀鸟类进行管理，但对其所栖息的湖泊、沼泽等水面无权管理。水面应由水利等部门管理，鸟类生存所依据的渔业资源由渔业部门进行管理，但是很明显，水环境质量的高低以及渔业资源的丰富程度都会对珍稀鸟类的生存产生决定性的影响。所以所谓的湿地整体管理是虚置的，在这样的职权设置之下，湿地管理部门无法对湿地生态补偿问题进行有效管理。

（二）协调机制的缺乏

虽然我国《湿地保护管理规定》规定了地方政府林业主管部门负责湿地管理以及国家林业局的协调职能，但是我国《水法》《渔业法》《海洋保护法》也规定了相应的湿地资源管理部门，因此我国湿地管理模式采取的是多部门管理，国家林业和草原局综合协调的模式。同时，生态环境部也具有负责重大生态环境问题的统筹协调以及组织协调生物多样性保护工作，参与生态保护补偿工作的职能。所以不仅是管理部门的职权产生冲突，连协调部门也产生了一定的交叉。正是由于协调机制的缺乏，导致各管理部门可能在优先保护本部门利益的前提下，对湿地进行管理和保护。由于各部门保护目标不一致，导致湿地的可利用规模程度以及作业的频率无法得出统一权威的结果，机会成本自然也无法得出，湿地生态补偿的效果也不尽如人意。

---

① 樊清华.海南湿地生态立法保护研究［M］.广州：中山大学出版社，2013：151.

抛开协调部门的冲突问题，分部门管理所带来的权力冲突弊端无法避免，即使我们将管理部门的职权范围进行更为详细的规定，即使按照我们对现行湿地生态学认识而对管理部门的职权进行整改，由于人类对湿地认识要受限于科学发展，所以通过将职权进行精准划分是不现实的，也是不必要的。权力冲突在现有模式下不可避免，但是我国现行协调机制并没有真正建立起来，唯一存在的是立法中规定了协调部门。然而光有协调部门是不够的，在现实湿地管理过程中，如有冲突，协调程序的启动、协调程序的步骤、协调不成的后果、协调机构的权力和义务、被协调机构的权利和义务等都需要进行明确的规定。

四、公众参与的欠缺

湿地生态补偿一般而言应是对受损者（包括贡献者）损失的完全补偿，其设立的目标在于通过对损失的弥补来达到对受损者的抚慰，不能因社会利益的实现而导致个人利益受损。但是在实际运行中，完全补偿原则并不能得到实现。

湿地生态补偿标准确立的依据，在很长一段时间内被认为是生态保护成本，也就是为了湿地生态的维护而在各方面的直接付出，但是这一补偿很明显不包括生态系统服务和物权受限者所受的损失。我国《关于开展生态补偿试点工作的指导意见》中指出，生态补偿标准确定的依据在于生态系统服务价值、生态保护成本、发展机会成本。生态保护成本比较容易确定，一般将其限定为受损环境恢复到预期状态所花费的费用。但是生态系统服务价值和发展机会成本相对而言比较难以确定。对于前者而言，目前学界存在一些评价方法："一是经济（货币）价值评价，采用环境经济学及经济学中相关理论用货币来量化生态系统服务的价值；二是能值评价，运用能值理论与方法，以生态系统的能量流动为基础，把生态系统服务价值量化；三是生态足迹评价，以生态系统中物质流为基础，研究生态系统的实物价值（主要是生态系统产品的价值），来对生态系统服务的实物价值进行量化”[①]。但是评价方法各有优缺点，例如，经济价值评估的评估结果准确性并没有被广泛承认，其缺乏对生态系统化结构与服务之间复杂关系以及生态过程与服务发挥与保育之间联系的科学解释，而且其涉及多种评价方法，如市场价值法、费用支出法、机会成本法、费用分析法、条件价值法，由于生态系统服务价值的评定往往依赖于评估方法，而评估方法的不同也意味着结果的不同，这也导致评估结果具有不确定性。服务价值的评估结果往往要高于补偿主体的承受程度，所以其结果对于补偿而言，往往是一上限的参考[②]。但同时学界普遍认为现有评价方法所得出的生态系统服务价值要远远小于其真正的价值，但很明显补偿主体无法承担如此高额的成本。而机会成本则是为保护湿地生态系统的平衡而牺牲掉的发展机会，但发展机会如何评价呢？对湿地生态系统认识的不同，对自身认识的不同，都会影响到对发展机会的认识，这很难进行判断。再加上政府作为判断者往往要受限于其自身利益，所以，补偿标准确定的过程并非是纯粹的技术过程，其需引进公众参与，来平衡各方的利益，但我国补偿标准的确定过程并没有给公众参与留出空间，从而导致我国湿地生态补偿效果不尽如人意，而且补偿标准做出后并非一劳永逸，其还需结合社会的发展、湿地的现状、补偿的效果等因素，来进行相应的调整，但是我国对补偿标准动态性方面关注很少。

五、生态补偿保障机制有待完善

占有湿地带来的巨大的经济效益与现阶段所需补偿的数额并不相契合，也就是占用湿地所带来的利益远大于由此给付的生态补偿，所以现阶段填海造地行为屡禁不绝，现有的补偿条件、补偿依据等不合理是重要的

① 中国21世纪议程管理中心.生态补偿原理与应用［M］.北京：社会科学文献出版社，2009：79.

② 中国21世纪议程管理中心.生态补偿原理与应用［M］.北京：社会科学文献出版社，2009：91.

原因，但是缺乏相应的保障机制也是不可忽视的原因。

当对生态补偿的标准、数额、责任形式等发生争议的时候，如果有健全的争议处理机制，则可以对湿地生态保护起到良好的促进作用，但是现阶段，青岛市乃至全国范围内生态补偿争议处理机制都处于起步阶段。

在此以青岛首例涉湿地保护行政公益诉讼为例，发现生态补偿争议处理机制对于湿地生态保护的重要作用。崂山区大河东河口属于滨海型河口滩涂湿地，但自2010年开始，大面积湿地陆续被非法设置为建筑废弃物收纳场，被填埋、侵占的湿地面积达6万余平方米。周边的居民、环保组织屡次反映，但总是不了了之。原因一是对于该区域是否属于湿地，不能有统一、科学的界定；二是对于责任主体的界定也非易事。所以该案环保执法部门的行政执法不能令受害者满意。他们要的不是处罚，而是将湿地恢复原状，重现湿地应有的景观与功能。因此，该案最后被入全国环保督查案件。检察机关依法启动公益诉讼监督后，才明确了该区域的滨海湿地属性、崂山区沙子口街道办事处的责任主体以及恢复湿地功能的生态责任。基于湿地被破坏时日较长，原有的湿地生态功能在原有的位置上进行恢复从技术和资金上来说难度非常大，所以开展了异地湿地补偿。将原先湿地附近的各个封闭废弃虾池打通，对河道和养虾池进行了清淤，先恢复水系循环，再恢复湿地植被。目前修复资金4 200余万元，17.5万亩的土地的生态环境得到了一定的改善，但是距离真正达到完全恢复湿地生态要求还有一定差距，例如湖心岛的建设缺乏一定的科学指导。

因此，如果该区域的生态补偿可以尽早地通过争议处理机制予以解决，那么湿地的生态保护肯定会有更为理想的结果。

第四章 政府主导下青岛市湿地生态补偿的完善建议

DI SI ZHANG

第一节 青岛市湿地生态补偿完善的原则与方向

一、以促进社会优质高效发展为根本目标，实现生态效益与经济效益的统一

青岛市湿地生态补偿制度完善的直接目的是要改变湿地生态补偿中的不合理现状，平衡湿地生态补偿中各方的利益，但究其根本，最终仍是为了在实现环境公平的基础上促进社会的进一步发展。我国社会的发展需要进行产业结构的升级，需要促进土地的高效节约利用，需要实现不同区域的协调发展，需要实现“绿水青山就是金山银山”这一生态效益与经济效益的统一。湿地生态补偿制度要以此为目标，进行创新和完善。

（一）应有利于产业结构的调整

习总书记不断强调生态文明建设，要求注重环境保护与社会发展相统一。要想把绿水青山变成金山银山，就需要认识到绿水青山中隐藏的价值，不但要认识到其展现的经济价值，更要认识到其蕴含的非经济价值。而要将生态之中的隐藏价值予以显化，最好的途径就是发展生态农业（观光农业、休闲农业）、生态工业、生态旅游业等，即进行产业结构的调整，通过产业结构的调整实现生态效益与经济效益的协调统一。而某一区域产业结构的形成，是与当地的气候特点、河流分布、土壤成分等地理环境，长期形成的生产方式和生活习惯以及生态保护方面的认知与信仰息息相关。它并非固定不变的，而是可以通过宣传、教育以及新的生活与生产

方式的替代进行优化的。所以生态补偿制度的设计非常关键，作为其中的一环，青岛市湿地的生态补偿制度在进行完善时，也必须以优化当地的产业结构，促进绿色发展为己任。

（二）应有利于促进城乡不同区域的协调发展

城乡一体化发展是青岛市政府的工作目标之一，要实现这一目标，需要社会广泛认可农村土地的生态价值和社会价值，通过一定的方式将隐性增值予以显化，并通过合理的途径分配这一隐性价值，以此弥补农村地区为社会整体发展而遭受的经济损失，使农村获得应得的生态红利。生态补偿制度的完善，应该通过合理划定生态受益人和生态贡献人的范围，科学地设置双方的权利与义务，以纠正湿地所在的乡村地区单方面为当地的绿色发展贡献力量，却得不到相应回报的问题，从而在一定程度上缩小城乡发展的差距。

（三）有利于土地的集约高效利用和对土地资源的保护

土地的集约高效利用不仅对产业结构调整非常关键，也对土地资源的保护和社会的可持续发展意义深远。要实现土地高效集约利用，就要改变土地在取得、利用和流转环节的利益分配，落实土地用途的合理规划。减少土地使用权人对土地的非环保使用，促使土地使用权人重视对土地进行绿色开发利用。如此，既可以节约土地资源，减少资源不必要的浪费，又能在一定程度上实现对土地资源的保护。

当然，对土地资源的保护也必须要增加对湿地的隐性价值的重视，增加土地使用权人因发挥土地的非经济功能而导致的经济损失的补偿。如此，则可以防止土地使用权人为了实现土地的经济功能而改变土地的用途，破坏生态环境。总之，纷繁复杂的事物背后总存在着利益的交织，理顺湿地生态补偿的利益分配方式会对上述目标的实现起着关键作用。湿地生态补偿制度要从有利于促进社会发展和保护生态的协调进行的目标出发，合理地设计补偿主体与被补偿对象的范围，正确认知湿地的经济价值与非经济价值的额度和表现形式，公平地确定补偿的标准和方式。

二、以共建共治共享为实现目标的具体手段，促进湿地保护的全员参与

（一）共享湿地红利

“人人共享”，其含义是指“随着社会发展进程的推进，每个社会成员的尊严应当相应地予以不断地提高”[①]。自党的十八大以来，习近平总书记围绕共享问题发表了系列重要讲话，并在党的十八届五中全会进一步提出了“共享发展理念”，提出，“坚持共享发展，必须坚持发展为了人民、发展依靠人民、发展成果由人民共享，作出更有效的制度安排，使全体人民在共建共享发展中有更多获得感。”这一指导理念在分配领域意味着发展的成果应该由人民共享。

湿地产生的生态效益已经在实质上由一定的群体共享，比如因为湿地的修复使得一定地域范围内的气候得到改善，降雨增多，或者因为湿地净化功能的提高，周边的水质得到改善等等。这些湿地所带来的生态服务，只要生产生活在湿地的生态影响范围内，都自觉或者不自觉地享受到了。但是对于湿地生态服务所转化的经济价值则并不是所有群体皆能够分享。尤其是对湿地生态功能做出贡献与牺牲的群体，按照贡献理论，他们应该基于贡献大小来分享该区域内的生态增值。即为湿地保护贡献大者，基于生态增值转化的经济价值应该多被分配；而对湿地保护贡献小或者没有者，则应该较少地得到分配或者不被分配。但是如果严格按照各人贡献大小来分配湿地的生态增值，在实践中会遇到分配的障碍。一是湿地增值的原因以及个人的贡献大小难以准确判断，如因为测算技术和计算成本的问题，许多生态增值无法被测定，其产生地区和受益地区难以确定、增值的额度难以明确，使得湿地的生态增值和社会增值科学分配较为困难。二是各种因素相互交织共同促进了湿地功能的改善。比如社会的发展、人们对良好生态的需求提高和国家环保政策的改变，以及国家对湿地保护的投资

---

① 吴忠民.社会公正论［M］.济南：山东人民出版社，2004：3-7.

增加等，种种因素，再加之个人、集体、企业等组织的共同努力，使得湿地能够提供的生态服务增加。因此，仅仅按照贡献大小来分享生态红利，也有其局限之处。

因此，让相关主体共享湿地保护的发展成果，才能激励他们为湿地得到进一步保护贡献各自的力量。所以湿地红利共享是必要的，也是符合时代发展潮流的。当然，在具体的湿地保护环节与情形中，参与共享的群体以及具体的共享比例可以有所不同。

（二）湿地保护产生的费用也应该共担

对于湿地生态红利应该由相关主体共享，那么对于湿地保护支付的成本则应该由受益者共担才符合公平正义。

“经济发展，环保先行”，这是我国为了实现经济效益与社会效益协同相统一的基本指导思想。基于这一指导思想，诞生了一系列湿地保护的制度，湿地的保护、重建、修复被提到了越来越高的位置，同时，对于湿地保护的限制措施也越来越严格，湿地保护的成效也越来越明显。因此，湿地得到良好保护，其提供的生态服务红利不可避免地被一定范围内的人所共享，而受益者实际上并未支付任何补偿即可享受生态改善带来的红利；为了保护湿地，也总有一定范围的群体利益受到了损失而无法弥补，从经济学的外部性理论观察，这就是湿地保护制度的外部经济与不经济问题。如果这一外部性得不到纠正，那么湿地非基于个人努力产生的增值可以无须付出任何代价的享受，而个人为了保护湿地生态环境受到的损失无人分担，如果现有的制度不能解决这一问题，那么就会产生湿地保护的动力不足的问题。毕竟“追求幸福的欲望是人生而有之，因而应当成为一切道德的基础”①。任何人都不能阻止他人追求幸福。如果法律上没有明确的制度来解决外部性的问题，那么“当明面上的显规则不能满足人民的分配需

① 马克思，恩格斯著.马克思恩格斯选集：第四卷［M］. 中共中央马克思恩格斯列宁斯大林著作编译局，译. 北京：人民出版社，1972：234.

求时，潜规则会在实践中代替显规则发挥作用”[①]。毕竟，人都是具有有限理性的。若是忽略个人对利益的追求，可能会“导致历史发展动力的缺失”[②]。

“受益者共担”意味着为了社会公共利益而做出牺牲者，其土地发展权的损失也应该由社会共同承担，以实现权利与义务的对等。如果实行“仅享受权利而无须履行义务”的义务分配规则，会造就特权阶层，出现部分人对他人的压迫与剥削。湿地的建设、修复和保护应该由享受到实地带来利益的共同参与与共同关注。即便是因为湿地的所处位置要求在湿地附近的居民需要承担更多的义务，包括权利受到更多的限制、需要从事更多的生态保护的具体行为，但是，这一资金也应该由受益者来进行补偿，而且，他们的劳动应该得到社会的认可与尊重。“当环境利益分配不公，环境负担选择性倾斜承受，而弱势的一方又无力谈判并迫使这种状况有所改变时，没有公民社会的理性交往谈判基础，没有法律的基本信任，暴力和自残也就是他们所能选择的唯一的策略，这是一种没有安全感的社会状态，是一个社会的异态。”[③]而生态补偿制度的法律调控应“矫正私权利益分配不正义的现象”[④]。

（三）湿地生态保护补偿需要应由众人参与

湿地的治理需要依靠人民。湿地保护涉及方方面面，需要相关主体皆参与到湿地保护中来，相互协调配合，共同履行湿地生态补偿的义务。

---

① 陈拓.土地征收增值收益分配中的“显”规则与“潜”规则研究［J］.经济问题，2014（07）：75-79，107.

② 胡天祥.“私”的失位与社会发展内在动力的缺失［J］.渭南师范学院学报，2017（23）：63-69.

③ 杜健勋，陈德敏.环境利益分配：环境法学的规范性关怀——环境利益分配与公民社会基础的环境法学辩证［J］.时代法学，2010（05）：44-52.

④ 杜群，车东晟.新时代生态补偿权利的生成及其实现——以环境资源开发利用限制为分析进路［J］.法制与社会发展，2019（02）：43-58.

1. 湿地生态的改善惠及众多群体

湿地具有较好的生态效益，这毋庸置疑，已经有许多的科学研究证明了；同时，湿地也可以带来经济上的效益，比如养殖蛤蜊、螃蟹，收割芦苇、茭白；另外，湿地也可以带来较好的社会效益，可以给人民提供休憩游玩放松的地点，可以成为观鸟胜地，不仅愉悦了眼睛更是滋养了心灵，增长了科学知识。基于湿地三方面的功能，湿地的受益主体也相应地分为经济功能受益者，如养殖户、鸟类模型经营户；社会效益受益者，如生活在当地社区的居民、商户以及短期外来的游客；生态效益受益者就更多了，整个社会，包括在当地或者不在当地的群体，都从生态环境的改变中受益，不过有的是直接的受益者，有的是间接的受益者，有的受益表现明显一些，有的则更隐蔽一些。在此，需要让当地政府作为代表充当生态效益的受益者。

尽管三类主体在生态保护上获取的利益不同，比如政府更关注生态保护的公共利益以及政绩，市场主体关注经济效益，社会公众关注生态环境的社会功能；尽管各主体从湿地生态改善中受益的具体额度可能会有所差异，但是，他们都共同受益于湿地生态的改善。在提高湿地生态保护的水平上，大家的目标是一致的。

2. 复杂的湿地生态系统需要全员参加包括补偿在内的生态保护

湿地系统极其复杂，其中涉及土壤、空气、水、各种动植物，这些因素在其中相互作用，达成平衡，湿地功能才能够正常地发挥。所以，并非仅狭义的“湿地保护”（就湿地论湿地）才涉及湿地的保护问题，其实，森林、草原、海洋这些系统的保护都涉及湿地的保护问题，因为上述系统之中如果产生问题，都会在“地球之肾”——湿地这里得到体现，也会增加湿地保护的压力与负担。因此，要贯彻山水林田湖草是生命共同体的系统思想。

3. 群体在湿地保护中扮演的角色各不相同

每个群体在湿地保护中扮演的角色不一样，但是不管扮演的是何角色，只要立足本位，就是为湿地保护做出了贡献。在此处，有对湿地保护直接做出贡献与牺牲的，如修复、重建、新建湿地的具体施工者、具体养护者、巡逻守护者；为湿地保护进行宣传者、科研者；为湿地保护限制自己的非环保行为者等。此外，还有湿地保护的间接贡献者，比如为湿地保护支付费用者，他们尽管没有直接参与湿地的各种具体的修复行为或者宣传科研活动，但是对自己将来或者现在享受到的湿地红利支付相应的成本或者提供资金，这也是在参与湿地的治理。前者需要被补偿，而后者支付补偿，他们共同维护了湿地生态生态系统的运行。

4. 各种参与方式以及参与群体之间应该进行必要的协调和平衡

湿地保护需要群体的参与配合，既需要有直接参与湿地修复的，也应该有为湿地修复提供资金者；既有湿地养护者，也应该有制度制定者与管理者。如果提供生态服务者多，而提供补偿资金者少，或者保护制度的管理者多，但是实际执行的少，湿地生态保护（补偿）就会受到影响。

另外，各主体之间要相互监督。比如，湿地为了净化水质、涵养水源，养育鸟类和众多的底栖生物，就需要具备不太美观的形态（烂泥坑），也可能会散发出一些不太好闻的气味，所以有些地方在建立湿地公园的时候，选择将该湿地用石子或者其他物品予以遮盖或者代替，以追求形式上美观和气味的改善，但是，这样完全消除掉了湿地的功能，实质上并不是在保护湿地，而是在破坏湿地。那么，针对这一行为，就需要其他主体对此监督，批评指正。

一言以蔽之，在进行生态保护补偿时，各主体皆应该予以补偿。政府、市场主体和社会公众组织在利益取向、生态服务需求、支付意愿等方面均不相同，他们之间如何配合，各自应该承担什么样的比例，各自以何种方式进行补偿需要各主体之间保持协同，以发挥最优的湿地保护（补偿）作用。

第二节 科学设计青岛市湿地生态补偿的适用阶段、补偿条件与标准

一、正确界定政府在湿地保护不同阶段的责任

1. 在生态保护实施的不同阶段，湿地效益的发挥会存在差异

比如在湿地保护初期，进行的主要工作是建立、修复湿地的生态系统，因此主要的行为表现为对湿地不断投入成本，实施湿地保育和修复，并且禁止或限制开发，可能会减少湿地周边人民的收入（不准排污增加的成本，禁止养殖减少的收入等），湿地经济效益、生态效益、社会效益都还未能展现。等到湿地保育成功，湿地的各种功能都开始大量显现，相关效益开始外溢，若是该实地区域允许进行开发利用，则湿地会相应地带来经济收益。若是属于生态脆弱地区，禁止开发，可能经济效益得不到充分的体现，相关主体经济上的受益有限。当然，无论禁止开发还是允许开发，经济效益或许会存在不同，但是社会效益和生态效益并不会因此而有所差别，湿地会持续为周边受影响的区域输送清新的空气、干净的水以及提供生产生活上防洪防灾的安全感。

2. 在湿地的建设、修复环节，适宜由政府主导补偿，市场补偿作为补充

分析青岛市湿地补偿制度及其存在的问题可以看出，在湿地的建设阶段，湿地的各种功能并没有得到显现，而进行湿地建设与恢复所需资金

甚大，这时周边的居民、企业、政府多属于单方面的付出。此时，以政府命令形式发布生态补偿的规则，带有一定的强制性和标准的一致性，这样才能够得到较好的推行。如果此时以市场补偿主导为主，那么市场主体典型特点是以营利为目的，带有逐利的特点，要进行成本与收益的核算。那么，在湿地的建设修复之处，湿地的共享功能要么还一概不具备，要么湿地功能较为微弱，这时候还很难预估湿地一旦修复建设后，其功能能够带来多大的经济效益。而且，湿地建成以后，还需要较长时间的维护，才能使湿地的各项功能逐步得到发挥，比如湿地注入足够的水量以后，其生物的多样性并不能一下就能得到恢复，还需要较长的时间来缓慢恢复，或者周边的工厂停止排污以后，湿地的净化功能或者湿地的养殖功能就不能立刻得到呈现，而是需要遵循自然的规律缓慢进行的。因此，市场主体介入后其投入的资金回收周期较长，不可预见性较大，经营风险较大，所以愿意介入的市场主体较少。这时就需要政府主导进行湿地的生态补偿。

3. 即便是在维护阶段，也需要政府参与补偿

比如湿地的有些区域是禁止开发的，因此这需要政府支付补偿资金，如果完全交由市场主体，则市场主体仅为利益需要，即便是存在协议和许可条件的约束，也还会在利益的驱动之下实施某些行为，比如允许进入某些生态脆弱地区，而该生态脆弱地区禁止人类活动，一旦破坏，可能需要几十年上百年的时间才能恢复。这时，由政府来代表全社会的公共利益，由政府的权威性作为背书，实施区域封闭和生态补偿，执行力度更高一些。

4. 不能忽略市场的补充补偿作用

当然，在相关阶段以政府主导补偿为主，并不是否定市场也可在该阶段发挥应有的补偿作用。在湿地建设的阶段，政府的财政也不一定宽裕，能够将湿地生态保护项目一直从事下去，从实践来看，反而是由于地方政府的财政能力有限，当中央政府的专项资金拨付到期以后，地方政府可能并没有能力进行持续地投入，这使得很多湿地保护项目不得不停滞。因

此，这时就需要引入社会资本，通过PPP项目，募集资金，公私合营，共同进行湿地的生态补偿。

因此，任何一种单一的生态补偿模式都有优点和不足之处。从我国的湿地补偿实践亦可以发现，在某些湿地补偿中，政府参与过多，而某些湿地补偿中，政府又出现缺位，导致湿地生态补偿的对象出现一定的程度的重复又或者出现谁都不予以补偿的倾向，且可能出现同一行为实行不同补偿标准的情况。因此，无论在湿地的哪一补偿阶段，都不能坚持完全单一的补偿模式，而是在每一阶段，市场与政府都应该在补偿中发挥作用，只不过在不同的阶段中各自所起的作用与行为方式有所不同。

二、设置科学的补偿条件

若要达到湿地生态补偿的简约高效，首先取决于生态补偿想要达成的目标是否合理，如果生态补偿的目标设置与生态补偿条件的设置出现错位或者不对应，则可能会出现补偿的低效率。因此，科学地设置生态补偿的条件至关重要。

前已述及，生态补偿的条件在设置时主要有两种类型：根据湿地生态保护投入的成本确定补偿和根据湿地生态保护的结果确定补偿。而无论是单独以投入或者以结果作为湿地生态补偿的条件，都有其自身的问题。理想的补偿条件是将投入和结果结合在一起，各自适用于生态补偿的不同阶段。

1. 在湿地的新建、重建、修复时期，应该以投入作为主要的生态补偿条件，政府补偿为主

一般而言，在湿地生态补偿之中，因为许多区域是禁止利用的核心区域，而且湿地生态保护所需资金甚大，湿地的修复、重建等周期较长，所以，在湿地的新建、重建、修复时期，应该以投入作为主要的生态补偿条件，这样一是可以减少湿地周边群体对湿地保护的抵触心理，二是湿地保护的投入可以有明显的预期，湿地保护的风险（如湿地水生植物无法成活或者湿地生态工程无法发挥其预期的作用等）主要由政府来承担，而对

为保护湿地投入了直接成本和间接成本的个人与组织，是否补偿以及补偿多少，主要考察其在进行生态保护时投入的质与量是否符合要求。比如在植树种草上是否提供了足够的劳动，其种植的各个环节是否符合技术要求等，如果已经满足上述要求，但是由于恶劣天气或者其他自然灾害或者因为受到其他地区的污染事件的波及，导致最后种植的花草树木成活率低，其风险也不应该由投入的群体来承担。但是，在这种生态补偿的条件之下，也不应该完全忽视对于生态保护结果的关注，再以生态投入作为主要补偿条件的基础上，可以设置生态保护的结果作为辅助补偿条件。仍以在湿地中种植水生植物为例，当相关群体付出了劳动、技术、土地等直接成本和发展权丧失的间接成本时，有补偿主体对其按照一定的标准进行补偿，另外，如果水生植物成活率高，对净化水质起到了相应的作用，则应该对相关群体进行奖励。

2. 在湿地修复、保护后期宜采用结果补偿条件，当社会补偿资金不能及时进入时，由政府主导补偿

当湿地生态系统已经运转良好，或者湿地功能已经得到较好的实现，湿地进入了后期修复和养护的阶段，那么因为湿地生态保护的结果能够在较短的时间可以被测量和评估，而且湿地的生态价值、社会价值和经济价值也已经有了逐步的显现，这时，对于湿地生态补偿可以考虑以结果作为补偿的条件。在此情形之下，可以考虑选择湿地生态的重要指标，根据其指标在生态系统中的作用设置权重，用以作为对生态贡献者和牺牲者的补偿。为了能够全面地展现湿地生态系统的多维服务，其考察的生态指标也应该选择多元的指标体系。但是，需要注意补偿指标的确定以及核定都是有成本的，考察指标体系的选择既需要考虑指标所反映的湿地生态功能的全面性与科学性，也要考察对这些指标进行评估时的技术难易程度以及时间耗费长短。要综合考虑指标的科学性、指标考核的快捷与成本的节约，把握的总原则是，结果指标的选择对与生态补偿总体效率的作用不要超过其本身的成本。

另外，有些指标选择以后可能会面临无法控制的外部因素，比如气候的变化、特殊污染事件的发生，可能导致以原有指标进行考核有失公平。比如，通过湿地的修复，湿地的水质净化已经满足要求，但是，却被外来污染或者极端天气所扰乱，导致最后的水质不能满足指标的要求，因此无法得到生态补偿。但是，此种情形下，湿地的保护者仍然付出了直接和间接的成本，如果最后不能得到补偿，反而要支付罚款，则会极大地打击湿地保护者的积极性，不利于生态补偿长效机制的建立。这说明，一是应尽量选择修正的生态考核指标，二是在以结果作为补偿条件的基础上，也应该以投入作为辅助的补偿条件。

3. 青岛市需要进一步改善补偿条件设置的方面

对于青岛市而言，前期对滨海湿地、流域湿地主要采用的投入作为补偿条件，而青岛市对于水质、空气的补偿则是以结果补偿为主。青岛市目前采用的考核指标以水质中的相应指标作为判断标准，以空气中的二或者四项指标作为判断依据。

后期建议青岛市无论处于哪一湿地生态保护的阶段和补偿的区域，都不能选择单一的补偿条件，而应该将两种补偿条件结合使用，并根据不同的情况，选择主次顺序。另外，还需要全面衡量湿地生态补偿中各种基础性的情况，比如了解受补偿者的补偿意愿，调查对补偿的条件设置是否满意，了解湿地及其周边的土地类型变化以及产权状况等，并根据实际情况，调整补偿的条件设置。

在以投入作为补偿条件时，不但要对直接成本进行补偿，也要对土地发展权以及特别牺牲进行补偿。同时，辅助以保护的结果进行奖励或者处罚。当然在以结果作为补偿条件时，需要科学确定补偿的考核指标。现在的考核指标过于单一，而且难以修正，不能科学地排除外来因素和突发事件对考核指标的干扰。在考核指标的要求上，因为青岛人民收入水平相对较高，作为旅游城市，对环境的要求较其他城市更为严格，同样获得的收益也更为明显，因此确定较高的生态补偿条件是可行的。

此外，要扩大生态补偿结果条件的适用范围，因为青岛许多湿地通过修复，已经处于相对成熟的阶段，其生态指标已经相对稳定，可以考虑采用结果考核作为周边群体的生态补偿条件，完善生态保护成效与政府资金分配挂钩的激励约束机制。

总体而言，青岛市在确定补偿条件时，建议通过对受益者的受益主要考虑标准（以享用定价），以成本与损失作为参照标准，前者占60%，后者占40%，综合确定补偿的数额。

三、确定合理的生态补偿标准

由政府确定分配的标准有其必然性与合理性，这既有客观方面的原因，也有主观方面的原因。

客观原因是不存在纯粹的市场，市场总会受各种因素的影响，而且存在交易成本和交易信息的不对等，损失的定量分析目前也尚难完成，加之生态系统服务购买者主要是政府，在没有竞争的市场中，补偿的价格就很难通过市场定价，而主要依靠政府统一定价的方式。

主观方面的原因主要是政府欲进行统筹。对于权利的范围和权利的主体界定不清楚，难以通过市场的方式进行生态补偿交易，而且所需资金数额庞大，单一的市场主体很难负担。而且，生态保护的水平与经济发展的水平要成正比，如果一味强调按照生态保护的全部成本或者效益进行补偿，在目前的经济发展水平之下，难以达到要求。加之，生态系统服务具有多个维度，在市场交易中，交易主体只会基于自己的需要对生态服务系统做出某些经济上的主观的判断，并不能给出全面反映生态系统价值的补偿。

综合以上几个方面的原因，无论在立法上还是在实践中，政府在生态补偿中发挥着主导作用是有其客观的必然性。

建议青岛市通过以下方面确定更为合理的补偿标准：

在科学计算生态价值的基础上，提高补偿的数额现在的生态补偿主要按照政府确定的标准，如树木的数量、基础设施的建设情况、水流的供给情况等作为标准进行计算，对于清洁空气、生物多样性、情感的享受，青岛市没有科学的计算标准。但是近年来，西方经济学研究中已有一些这方面的研究，采用的方法除市场分析外，还有因果评价、旅行成本、享用定价等。因此，应该采用较为科学的计算方式来计算土地的增值情况以及因土地用途限制给周边土地带来的边际效益的下降。研究发现，如果人们收入水平降低，在生态上的投入减少，生态价值会下降；如果人们收入水平增加，对生态环境加大资金、技术和劳动等方面的投入，生态价值又会增加。即收入水平和生态价值同步增减。所以，科学地促进经济的发展，提高人民的收入，对于生态价值的增加非常重要。青岛市生态补偿标准的提高离不开经济发展水平的总体提高。

不断扩大流域补偿、生态圈补偿和社区补偿等的范围，将青岛市原来仅限制在重要的生态保护区或者贫困地区的补偿范围扩大到一般受限制区域。鼓励企业、集体经济组织参与到补偿主体中，通过社区管理机构，将湿地周边的社区居民组织起来，对因湿地保护规划而土地使用权受限和土地被征收的社区居民进行补偿。

落实补偿标准的统一和区分情形。湿地生态补偿应该坚持相同的领域、相同的行为、相同的效果，补偿标准要相对统一。青岛市河长制的建立能为统一补偿标准提供条件。但是，这种补偿标准的统一也不是绝对的僵化的统一，比如对于退耕还湿的补偿不能全国各地同一个补偿标准，青岛市要根据自身的经济发展水平和湿地保护工作的需要，确定合适的补偿数额。毕竟湿地因为其在生态系统中所发挥的作用、所处的区域不同，自身的生态功能情况也是分不同级别的，有国家、省级、市级以及一般湿地。而且湿地也有不同的类型，不同类型也有不同的修复与保护的特点，所以，青岛市政府进行生态补偿时，不能搞平均分配、不搞一刀切，要考虑湿地的具体情况（保护的难易程度、在生态系统中的重要程度、事实的具体保护行为）设置不同的补偿标准。对于重点保护的湿地，可以适当提高生态补偿的系数，加大对重点湿地的补偿力度。

第三节　完善青岛市“湿地占补平衡”制度

一、细化湿地占补平衡的法律法规

青岛湿地占补平衡的规定过于笼统，不利于法律的执行，法律需要精细化明确化才能更好地增强其操作性，才能发挥法律的指引与判断等价值，才能实现湿地总量不减少、质量不降低的目标。

青岛有关湿地平衡的相关规定乃至其上位法，只是在规定中提出要建立湿地占补平衡的制度，对湿地占补平衡制度的细节未做具体的规定，导致在实践中无法可依或者在执法时因为法律规定不够明确导致各地自由裁量权过大，使得湿地占补平衡制度未能按照统一的标准落实到位。

因此，需要在今后的立法中明确实地占补平衡的相关内容，比如湿地占补平衡的制度适用的范围与地域，占补平衡中平衡的具体要求，占补平衡的具体落实单位与责任，新补充湿地的方法与来源、申请与批准的流程，湿地占补平衡方案和湿地修复方案，补充湿地的交易价格与平台以及新增湿地储备制度等等。

（一）明确被占用湿地的范围

《青岛市湿地保护条例》中，未提及使用占补平衡的被占用湿地的具体范围，而是对湿地下了定义，根据其定义，湿地包括自然湿地与人工湿地，只要符合湿地的自然特性，比如常年或者季节性积水并适宜野生生物生存同时具备较强生态功能的本市行政区域和管辖海域内的潮湿地带和水域都是湿地。因为保护条例未做除外规定，所以从立法上看，应该是所有的湿地都应该包含在占补平衡制度的被占湿地范围内。但是，此处并没有说明上述湿地仅指现在仍然保持湿地特性，并能发挥湿地功能的湿地，还是包括所有曾经具有湿地特点与功能，但是现在退化了的。湿地被占用多大面积就需要占补平衡？是不是需要改变湿地用途才需要占补平衡？这些问题将来要在立法中予以明确。最好列明需要使用占补平衡的湿地的具体名录。

（二）占用与补充湿地的关联程度

根据研究发现，占用湿地与补充湿地需要保持一定的距离才能实现占补湿地的生态平衡。“距离越远，新建湿地对占用地生态影响力衰减幅度越大，影响力系数越小，占用地生态消费水平越低；补偿比例与影响力系数互为倒数；生态影响力平衡的异地占补没有距离限制。”①对于占补平衡两地的距离范围做出要求，是已经在耕地占补平衡制度中得到确认和实践的。

耕地的占补平衡最开始是被限制在县域范围内，后来逐渐扩大到市域范围内，最后扩大到省域范围内，如果想要在全国范围内异地补充耕地，则只有在极个别的情况下才可以，并需要经过国家的许可，且交易价格也被国家严格地管控。原因在于一方面是考虑到跨地区补充耕地，固然是在目前经济不发达地区收入有限的情形下，可以通过土地开发整理指标的出让，分享一部分经济发达地区的成果，实现部分的发展成果共享，但是，另一个方面，从长远来看，却使得不发达地区丧失了发展的机会，因为新增耕地除了从原有的荒山荒岭或者湿地、草原、森林的毁坏开发上获得，还从对宅基地进行整理而获得，这些建设用地指标的出让，使得村里以后从事建设用地开发变得极为困难，丧失了发展机会，另外开荒种田也破坏了生态环境，加剧了水土流失和土地荒漠化，恶化了环境。另外，投资者原本在一线城市因为用地的紧张无法获得投资机会后，可能会转向经济次

① 田富强.生态影响力占补平衡的湿地补偿比例［J］.湿地科学，2016（06）：840-846.

发达地区，但是，通过这一异地补充耕地的指标的出卖，使得这种可能性大为减小。

因此，在耕地占补平衡中已经有过的经验教训在湿地占补平衡中应予以避免，要根据被占湿地的生态功能与质量综合确定与补充湿地的距离远近。一般来说，应以相近作为基本原则，如果距离越近，则生态影响力越容易实现平衡，当然，此处也需要考虑在相邻地域有没有适合做补充的湿地，这需要从生态系统的循环、地质构造、规划布局等相关方面进行综合确定。《福建省湿地占补平衡暂行管理办法》（闽林〔2018〕3号）湿地占补平衡以县（市、区）为单位就近补充为原则，异地补充为例外，异地补充的双方协商并经政府确认，价格自己协商。"尽可能在同一水文单位或同流域内实现湿地生态占补平衡。"[①]

二、加强湿地保护协调机制建设

明确各部门职责，建立平台工作系统，协力合作，推动湿地占补平衡工作的开展。各部门不但要依法履行好各自职责，还要有湿地生态系统的整体观念，因为湿地保护与管理的特殊性，许多要素耦合在一起，必须要各部门相互配合，才能形成湿地保护的强大合力。应拆掉"各自为政"的壁垒，打破条块分割的现状、由林业主管部门与街道乡镇部门结合进行管理，村（居）民委员会、村民共同参与，打破部门分治现状。这就要求：

（一）对于各部门在湿地保护的职责进行进一步的明确

此处可以学习《福建省湿地占补平衡暂行管理办法》（闽林〔2018〕3号）的经验，将滨海湿地的管理明确给海洋与渔业部门，将陆地江河、湖泊、河口、水库等地表水体湿地的交由水利部门负责，将在城乡规划建设用地范围内城市湿地公园等湿地的管理交由住房和城乡建设部门负责，将

---

① 田富强，刘鸿明.自然湿地与人工湿地生态占补平衡研究［J］.湿地科学与管理，2016（03）：45-49.

盐田湿地管理交由经济和信息化部门负责，将宜农滩涂、宜农湿地交由农业部门负责。林业部门负责省级湿地公园、湿地类型自然保护区等湿地的管理。然后其他部门按照法律赋予的职责进行履职。管理部门也要从以河道、海域、沼泽等不同类型湿地的视角进一步区分具体的占补平衡要求，进行精细化的管理。

（二）成立牵头部门或者创新管理体制

毕竟林业部门从层级上看，与其他部门同级，所以，当有些部门之间出现难以协调的问题时，还需要设置领导机构予以决断与指导。如从整体上负责湿地的监督、考核、检查等工作，并负责组织协调会、论证会等联席会议的召开，协同执法队伍等。或者尝试打破传统的纵向管理体制，构建去中心化的多元管理与负责机制。

三、明确占补平衡的内涵，建立科学的指标体系

（一）湿地占补平衡的内涵

通过梳理前述国家以及各地区对湿地占补平衡的规定可以发现，尽管上述规定并没有明确湿地占补平衡的具体概念，但是，我们结合耕地占补平衡的概念以及上述法律文件中的立法目标与湿地占补平衡的具体要求，可以推断出：湿地占补平衡是指为保持一个国家或地区在一定时期内的湿地总量不变，对于依法征收、占用湿地并转变用途的，应在具体实施占用行为开始前，在湿地保护行政主管部门组织、监督下，按照面积质量以及生态功能方面不低于被占用湿地的要求，在其他地方恢复或重建一块湿地来补偿将被征占的湿地，从而实现“湿地面积不减少”的湿地保护目标。

湿地占补平衡制度中，“平衡”具体应该包括哪些方面的平衡？我们可以通过其他地区已经颁布的法律法规进行分析。如《黑龙江省湿地保护条例》中要求补充湿地的目的是为了保证“湿地生态功能不降低、面积不减少、性质不改变”，所以其提出了三个指标，即面积平衡、性质平衡以及生

态平衡。《福建省湿地占补平衡暂行管理办法》第八条要求新增的湿地应当具备“湿地基本自然特性、生态特征和生态服务功能”。而在附则中提到条例中使用先补后占，占补平衡时，应当先补充与所占湿地面积和质量相当的湿地，以及占用的湿地面积得多于补充的湿地，也是涉及湿地的生态功能、面积和质量。

此外，相关学者的研究为湿地占补平衡提出了更多的平衡指标要求，如有学者认为，采用生态影响力平衡分析方法，湿地占补指标包括面积、生态量、生态功能和效益及其影响力。有的学者认为湿地生态全方位的平衡需要实现湿地面积、质量、时间、空间、生态系统与生态消费6个维度的平衡。还有学者如田富强认为湿地生态全方位平衡模式包括10个指标的占补平衡，尤其需要关注生态影响力指标。[①]

因此，综合上述结论，湿地的占补平衡分为简单的面积平衡，中等的质量平衡，更高级的为包含各种生态指标的生态平衡。故青岛市湿地占补平衡中相关指标平衡，应该具有以下要求：

第一，面积平衡。即占多少湿地面积，就应该补充多少面积的湿地。从数量上来讲，占用或者改变用途的湿地要与补充的湿地在面积上总体保持静态与动态的平衡，不但在一段时间内湿地总面积只多不少，而且在某一特定时间点，其面积也应该是保持平衡的。这就要求用地单位应该先补充一定量的湿地，才可以占用不多于补充量的湿地，即湿地总面积只能增加不能减少，所以要求湿地面积平衡，湿地面积不减少仅为其最低限度的要求，更高标准要求是湿地总面积要有所增加。

第二，质量上的平衡。其要求首先补充的土地在性质上应该是湿地，应当具备湿地的基本自然特性。另外，在具备湿地基本特性的基础上，还要满足类别上的要求。湿地也是分类分级的，有国家湿地、省级湿地、市

① 田富强.多维占补平衡下的湿地生态盈余研究［J］.湿地科学与管理，2018（02）：65-69.

级湿地和一般湿地，不同级别的湿地除了在生态功能上存在差别外，在质量上也会存在不同，质量上的平衡，要求补充的湿地在质量上应与占用的湿地处于同一级别或者质量应该更优。比如补偿的湿地应尽可能地同被占用湿地的水、土壤、大气等环境要素的质量相同。要占优补优，要与原有湿地的经济和功能上的产出持平。

第三，生态平衡。生态平衡是泛指湿地的各项生态特征、生态功能的发挥、生态服务价值、生态影响力、生态消费水平等方面，被占用湿地与补充的湿地保持平衡。

具体可以包括：类型不改变。湿地从类型上可以分为河流湿地、海洋湿地、湖泊湿地等自然湿地，以及人工开发形成的人工湿地。而每一大类中的湿地又都对应许多细小的湿地类型，如海洋湿地又分为浅海湿地、沿海湿地、珊瑚礁滩湿地、沿海湿地等，河流湿地又分为固定河流湿地与间隙河流湿地两种。在实现湿地占补平衡时，应尽可能保证新补充的湿地类型与被占用的湿地类型保持一致，如果占用的是湖泊湿地，则不能补充滨海湿地，反之亦然。因为不同类型的湿地在生态特征上存在区别，为人类提供的生态服务的质量与价值也是各不相同的，而且，他们在生态系统中扮演的角色也有所不同。试想，如果某一区域内湖泊湿地和河流湿地全都被占用，而补充为滨海湿地，不论其他，首先居民的用水问题就难以解决，另外，人工湿地即便设计得再周全、再科学，也不是自然形成的湿地。所以占补平衡要求占与补在湿地类型上要对应。

生态功能不退化。即保证补充的湿地在生物多样性、污染物过滤或水质净化、水源涵养、气候影响等方面能够保证不低于被占用的生态系统。通俗地讲，要求补充的湿地要能够发挥与原有湿地同等或者更优的生态功能，提供同等或者更优的生态服务，产生同等或者更优的生态价值。比如青岛唐岛湾国家湿地公园位于候鸟迁移的重要路线上，有金雕等8种一级重点保护鸟类，有黄嘴白鹭等16种国家二级重点保护鸟类，还有许多山东省级保护动物，湿地上有丰富的动植物群落，其重要性是不言而喻的，因此，假设其中的某一部分因公共利益的需要必须被占用，那么补充的湿地也必须保证在动植物的多样性上不低于原有的湿地。因此，这就要求补充的湿地的地理位置、土壤、水质、营养物质与原有湿地相平衡。此外，湿地还具有重要的生态系统自身循环中的作用，比如对于地下水源的涵养，对于水系的整体循环，对于污染物质的净化等发挥着独特的作用，被补充的湿地也应该处于生态系统的同等位置。

另外，湿地能够为人类提供各种物质与精神上的服务，如食物和水等的供给、保证生存环境的健康安全，为人类提供精神上、科研上、宗教上的某种非物质利益。那么湿地的生态服务价值也应该与原有湿地保持平衡。

此外，湿地的消费水平或者说湿地的影响力也是非常重要的指标。比如，原有的湿地能够为A地的居民提供物质以及精神上服务，现在将其占用，改为其他用途，而在B地建立新的人工湿地，尽管新建的湿地在面积、质量、生物多样性、生态系统循环等方面都和原有的湿地保持一致，但是因为新建湿地处在B地，其对A地居民的影响力就要大大降低，而且如果B地已经有其他湿地，生态服务已经达到最优，湿地多与少对生态环境影响不大。这时，尽管指标能够满足要求，但是其生态影响力与消费水平则存在不同。

（二）青岛市湿地占补平衡指标的选择

湿地占补平衡指标应根据耕地占补平衡的成熟经验进行设置。在耕地的占补平衡中，2017年以前，主要是考虑占用耕地以及补充耕地的面积是否平衡，但是基于在实践中出现的问题，为贯彻落实《中共中央国务院关于加强耕地保护和改进占补平衡的意见》（中发〔2017〕4号，以下简称《意见》）精神，改进耕地占补平衡管理，建立以数量为基础、产能为核心的占补新机制。从仅关注土地的数量是否落实“占一补一”到要求严格落实“占优补优”，并将耕地的粮食产能纳入考核指标，最终实现在占补平衡时，耕地数量、质量和生态一并保护。耕地占补平衡要考虑生态系统的地域平衡性、不同地区种植的粮食作物种类的平衡以及对周边生态气候、空气净化等的影响的平衡。

以此作为参考依据，湿地的平衡指标也要由简单的面积平衡向质量平衡乃至生态平衡过渡。因此，有必要建立多维的实地占补平衡指标。“实现湿地生态占补平衡，必须考虑占补湿地的替代性与同质性”[①]，即湿地的生态功能与生态效益要与原来的湿地保持一定的平衡。

“生态效益不是生态的经济价值，而是特定区域居民从湿地获取的利益。生态经济价值的占补平衡并不意味着占用湿地所在地与补建湿地所在地居民获得的生态效益相同。”[②]在确定占卜平衡的指标时，需要考虑指标组合起来能否全面地检验到补充湿地的质量与生态效益，其指标的选择是否科学，另外需要考虑的则是这些指标测算起来的难易程度，因为如果测量的成本过高，可能导致在占补平衡的评价指标因不切实际而不被采纳或者被故意绕开。明确了占补平衡的指标由哪些因素构成，还需要考虑上述指标的比重。

最后就需要确定补充湿地与占用湿地的换算比例，以保证补充的湿地能够在面积、质量和生态功能三个大的方面上不低于被占用的湿地。在确定换算比例时，需要再具体考虑两者之间的湿地类型是否一致，另外可以根据湿地单位面积内生物的种类与数量判断其多样性的指标是否满足，另外考虑其在生态系统中发挥的作用是否得到满足，被占用湿地生态价值在何种程度上被新湿地所替代，以及生态效益上被占用湿地与补充湿地之间的比例关系等。

四、实行新增湿地储备制度，有计划地增加湿地

只有提供足够的新增湿地，才能保证湿地占补平衡制度顺利实施。那么新增湿地由哪些主体进行增补？在此，福建省有相对科学的规定。福建省鼓励有条件的企业、个人或者社会团体建设湿地公园等人工湿地，并承

---

① 田富强，刘鸿明.自然湿地与人工湿地生态占补平衡研究［J］.湿地科学与管理，2016（03）：45-49.

② 田富强.多维占补平衡下的湿地生态盈余研究［J］.湿地科学与管理，2018（02）：65-69.

诺会将新增的湿地优先纳入占补平衡储备，优先用于指标的平衡，获得湿地补偿。

哪些土地可以被用于增补湿地？新增湿地可以包括未列入湿地面积管控目标范围的湿地，如未纳入第二次湿地资源调查规划调查范围的湿地，各种新建、在建的水利水库项目增加的湿地，新增湿地公园、退化湿地修复、退耕还湿、退养还湿等湿地，因为开展各种整治活动如海域整治、内河整治等增加的湿地，以及基于自然条件改善自然恢复的湿地等。但是，上述湿地，必须要具备湿地的基本自然特性，即质量和面积以及生态方面满足一定的要求。

新增湿地的所有权和使用权非常重要，一般而言，在原属国家的土地上进行的湿地的新建、修复，尽管土地的功能和类型发生了改变，但是新形成土地所有权依然属于国家；而如果原属于集体的土地，但是被国家进行了征收，则给予征收补偿后所有权归属于国家，那么在此土地上进行湿地修复，新湿地属于国家；如果是集体土地所形成的湿地，其所有权依然属于集体。

需要注意的是，如果原土地性质不是湿地，对其进行整治后改变土地类型，需要经过相关部门的批准，并且新增湿地需要经过验收合格后才可以纳入湿地储备。对于符合条件的湿地，应实行按图入库，统一管理，并且按照三类不同的指标，分类入库。

五、细化占补平衡的流程

青岛市应该确定湿地占补的流程，流程包括以下几点。

1. 规划。实行湿地的占补平衡制度，一般首先需要当地政府建立湿地名录，对于所辖区域内的湿地进行分类定级，经过勘验和规划设计，明确其保护级别以及湿地的各个组成部分被允许从事何种行为以及禁止从事何种行为。

2. 申请。用地单位根据项目建设的需要向有审批权的湿地管理部门提出申请。因为是湿地属于不同的级别，尽管处于某一县域范围内的湿地也有可能是国家级的湿地，需要根据当地的湿地保护条例向有审批权的部门提出申请，申请书中包括必须占用湿地的论证以及计划补充湿地的位置、面积、生态指标、方式等相关内容。

3. 审批。接到申请后，相应管理部门要首先审查该项目建设是否属于必须使用湿地的情形，如果是，那么可否减少对于湿地的占用；如果对于湿地属于临时占用，则需要审查其修复方案；如果是对湿地占用并改变用途，则需要审查其补充湿地方案是否科学合理，请相关专家进行评估论证。

4. 补充。申请被批准后，需要先补充湿地，后占用湿地开展项目建设。因此用地单位可以自行出资选址进行湿地补充，也可以请他人补充湿地，如果他人有已经建设、运营成熟的湿地，则可以通过某种补偿手段从他人手中购买、使用该湿地。湿地必须在申请书中约定的时间与地点按照相应的技术指标进行补充。

5. 验收。补充湿地完毕后，需要提请湿地管理部门进行验收。验收合格，才可以使用所批准的湿地。

6. 后期的管理。湿地占补平衡最为关键的环节，其实不止在于湿地的补充，更在于补充的湿地后期的维护与管理，能够使湿地得以继续保持其自然特性，发挥应有的生态作用，而这一后期的维护也是需要资金与监督的。比如湿地垃圾的清运、鸟类的巡查保护、所需水量的补充等，如果湿地忽略后期管理，则极有可能导致湿地功能发生退化，从而使得湿地名存实亡。

六、建立交易平台，实行交易价格的保护

如果想要让增补湿地者能够得到相应的补偿，那么湿地的交易必须得到重视。从土地占补平衡指标的交易经验看，青岛市政府应该要建立指标的交易平台，规范交易的价格。比如政府可以对重点建设项目限定指标调剂价格、而对其他建设项目采取竞价方式调剂补充湿地指标；也可采取统一保护价交易或完全自由的市场交易方式。[①]在确定保护价格时，除了考虑

① http：//www.mlr.gov.cn/gk/tzgg/201712/t20171214_1992753.html.

开发成本以外，还应将资源保护补偿和管护费用纳入交易价格中。另外，为使湿地占补平衡指标能够规范交易，可以借鉴地票制度，建立“湿票”制度，解决基建占用湿地的合法性和占补平衡问题。[①]

第四节　建立青岛市湿地生态补偿的长效机制

所谓长效补偿激励机制一是强调这一补偿制度的稳定性。制度涉及的补偿范围较为普遍，不是仅针对部分区域进行个别补偿。制度是可以长期执行的，不是试点，也不是禁止对某一事项（如农业补偿奖励）或仅针对某一项目（如蓝海整治项目）或者仅针对某一地区（如平度）等展开补偿。其效力具有普遍性、长效性和稳定性。二是强调补偿制度所提供的激励是可以长期存在的，而不是针对某一事项（如拆除养虾池或者修复了某一被侵蚀的岸线）给予一次性补偿就结束了。应建立贡献方与牺牲方可以长期分享生态红利的机制，并能够有效刺激受偿对象持续对新建或者修复湿地付出努力。

一、改变以金钱为主的生态补偿形式

1. 青岛市要改变现阶段以金钱为主的补偿方式，要把金钱补偿与其他补偿方式相结合，尤其是需要多采用可以持续与受补偿者分享生态红利

① 田富强，刘鸿明.湿票制度：“红线保护下的基建占用湿地管理”［J］.湿地科学与管理，2015（01）：50-54.

的方式进行补偿。目前，青岛市采用非金钱补偿方式主要是提供某些生态就业岗位或者提供社会保障以及提供生态景观。欠缺参股分红、留地（物业）、产业合作、人才培育、技术指导、土地增值收益分享、税收减免等方式。从对当地居民的调查可以发现，他们更愿意采用非金钱补偿方式，如产业合作，通过对被补偿地区的产业结构进行调整，对于本地区基于生态优势资源进行重新整合升级，改变原有的资源高消耗、低产出、非环保的方式，变为资源低消耗、高产出、符合当时生态特色、具有区域优势的产业（如生态农业、生态渔业、种植业以及其深加工产业、文化娱乐产业）等。非金钱补偿方式实现了生态效益向经济效益的转化，既维护了良好的生态又增加了居民收入，不但有利于当时生态环境的持续向好发展，还解决了“手握宝盆不自知”的问题，缓解了经济发展与环境保护的冲突与矛盾。

所以青岛要着重将“输血型”生态补偿变为“造血型”生态补偿，多采用特色项目引进、产业结构调整、智力扶持等方式进行补偿，将容易被消费的金钱补偿转化为可以持续获得利润和发展的“造血型”补偿，从机制上实现因保护生态资源而致富的生态效益与经济效益、社会效益的统一，使外部补偿内化为受偿者的自我发展能力。

2. 看重精神补偿形式，通过向被补偿对象颁发证书或者给予荣誉、给予特许权利等进行精神方面的补偿。研究发现，精神激励的效果要远远大于金钱激励。在基本物质需求得到满足的基础上，肯定与褒奖、责任与担当更为重要。

3. 需要改变生态补偿单纯的纵向补偿模式，要完善多元化的横向生态补偿机制。鼓励湿地保护的相关地区之间通过资金补偿、人员培训、共建园区等形式来建立横向的补偿关系。应该扩大生态补偿主体，将企业、个体经济组织以及公民个人纳入生态保护之中。对于出青岛市的流域，要通过与其他区域的谈判，得到相应的补偿。鼓励企业、个体间就环境问题进行协商谈判。比如鱼类养殖企业可以和上游的农户进行谈判，对上游农户减少农药的使用进行相应的补偿，再如农家乐经营企业可以为了更清澈的水质和对岸的养殖企业达成协议，减少养殖的数量或者更换养殖的品种等。个人行为受自律约束，相比组织人力进行治理而言，可节约更多的人力物力，有利于生态保护的开展。

二、要明确自然资源的产权归属

我国普遍存在的自然资源产权不明晰的问题，导致无法明确生态补偿的主体和受补偿的对象，也就是在生态补偿中的权利义务无法得到法律认可。由此带来的问题必然是贡献与回报的错位，或者缺位。

三、加强对于生态补偿资金的使用与审核

青岛市对湿地保护的相应项目在立项时就应该加强审核，一是考察该项目与湿地保护的具体目标的关联程度，二是审核该项目实施过程中的资金使用方案是否科学，三是审核该项目落地以后对于生态保护是否能够达到预期的效果，这就需要地方政府按照所报项目的年度实施内容和资金使用方向编制绩效目标。

在立项以后，一是严格备案流程，二是各区（市）财政、业务主管部门强化对于湿地生态保护项目绩效目标的审查，确保生态补偿资金真正用在生态补偿方面。

四、重视对于间接成本支出的补偿

（一）赋予相应主体开发权

1. 中国开发权（发展权）的体系构建

在我国，有人认为我国产权的不清晰并非是技术上无法做到，而是为了实现国家更自由地管制而进行的有意的制度模糊[①]。因此，建议我国完善

---

① 何皮特著.谁是中国土地的拥有者［M］.林韵然，译.北京：社会科学文献出版社，2014：19.

土地开发权体系，对侵害土地开发权的行为进行补偿。

进行土地用途管制致损的补偿，需要先构建土地开发权的体系。臧俊梅教授在农地开发权的构建中，认为土地开发权包括普遍开发权、具体开发权和虚拟开发权。[①]笔者对此进行借鉴并在此基础上重新构建土地开发权的体系。

开发决定权。国家享有实质的土地开发决定权，并根据社会经济的发展以及土地的合理利用原则有选择性地释放不同层次的具体土地开发权。

具体开发权。具体开发权又分为农地开发权和市地开发权。个人和单位只有得到国家分配的具体土地开发权，才可以实施土地的开发利用。国家对某块土地开发的强度、用途、功能等进行设定时，会和土地的用途以及价格相联系。开发强度大的建设用地表现出的价格要高于开发强度小的建设用地。权利人根据自己获得的土地开发权的具体内容来进行土地的开发利用。

可转移开发权。国家对生态敏感地区或者重要保护区进行特别保护而使得土地正常用途的使用成为不可能时，国家应赋予权利人可转移的开发权。这一开发权不允许权利人用于自己土地的开发，但是可以将之转移到国家规定的地块进行使用，出售者可以获得相应的补偿。

虚拟开发权。对于肩负生态安全、粮食安全等功能的农地，其具体开发权较小，但对社会做出了重要贡献，应该在拥有具体的开发权之外，还有虚拟发展权。该虚拟开发权不可转让交易，但国家应负有合理补偿的义务。

在赋予相应主体开发权的前提下，当某一主体因土地用途限制产生了损失，则可以据此要求补偿或者自行交易以弥补损失。

2. 构建受益与受损的对应关系，完善可转移开发权的交易

损失除了应由国家进行负担外，还要探索通过市场交易形成的受益者与受损者之间的对应弥补制度。因此，我国可以完善可转移开发权交易制

---

① 臧俊梅.中国农地发展权的创设及其在农地保护中的运用［M］.北京：科学出版社，2011：96–98.

度。前已述及，我国已经存在建设用地指标交易的法律规定和实践，但是建设用地指标交易还不成体系，指标交易的范围相对狭窄，且没有坚实的权利基础。若构建可转移开发权制度，则不但可以将指标交易的规模不断扩大，且交易流程、增值分配也更为规范。

此处需要注意，可转移开发权制度尽管存在许多优点，但是这一制度也存在不少弊端，因此在开发权转移时需要构建合理的土地开发权的交易区域，使之在一个利益共同体内，开发权转出方也能够分享开发权转入方开发强度加大带来的经济利益的辐射，而开发权转入方也可以分享转出方的生态保护等带来的非经济利益，实现经济利益和非经济利益享受的内部平衡。同时，对于开发权的交易价格，也应该在坚持市场形成的同时由政府进行指导。

（二）增加土地规划（用途）许可变更、撤销的补偿规定

英国《城乡规划法》认为，尽管政府可以撤销或者变更已有的规划许可，改变土地使用权人对土地增值分配的预期，但是应该对权利人因此遭受的损失和额外支出的成本进行补偿。损失包括潜在利益的损失，但是必须是在规划许可后进行的行为，因遭受规划的变更、撤销产生了直接损害才可以获得补偿。

我国的国家赔偿制度，对基于国家机关及其工作人员在行使职权时给公民、法人和社会组织造成的权利侵害，给予相应的赔偿。该制度是针对国家机关及其工作人员实施的行为违法时应予赔偿的规定，因此，在由于社会公益需要，国家进行土地规划和土地用途变更并导致的土地价值损失时，国家赔偿制度无法适用。因此，我国专门建立针对政府的合法行为致使损失产生的行政补偿制度，将土地规划（用途）规划许可变更、撤销的赔偿制度纳入其中，对土地增值的损失进行赔偿。

（三）增加特别牺牲补偿规定

尽管生态补偿的权利人（生态补偿中的受补偿对象），不完全是一一对应的，但是在现阶段，“就法律主体而言，生态补偿的权利义务主体与环境资

源开发利用受限制的主体具有紧密的逻辑关联性”[①]。因为生态补偿的受偿主体之所以应该得到补偿，其原因之一就是为生态保护做出了特别的贡献，这一特别的贡献之中含有对于自己财产权的形式受到了超出一般程度的限制。

也就是说，生态补偿权利往往来源于财产权利受到限制，及该地区因为要实现或者为实现一定的生态保护目标而在土地、滩涂海域的使用做出特定的要求，该要求可能会导致该产权原本的财富功能难以实现或者受到一定程度的弱化。而基于该财产权利人的财产权能受限，开发利用活动停止或者强度减弱，该地区的生态环境得到保护或者发生好转，之后逐渐产生生态的价值并逐渐外溢，使得其他地区的人因为该仲裁产权的限制而得到生态上的某种益处。因此，从这一程度上讲，生态受益者应该对因为保护生态环境而受损者给予一定的补偿。所以，生态保护的补偿权利与财产权利具有一定的衍生关系，某种意义上是重合的。比如因为保护湿地而禁止耕种土地，那么此时生态补偿主体应该要对土地耕作权受限制的主体进行一定的补偿。

当然，生态受偿的权利又不单纯地包括资源受到限制的权利，因为在实践中，财产权受到限制并不一定会带来生态利益的增加，如因为修建道路或者疫情防控的需要不准营业等等，他们对财产权的使用进行了一定的限制，但是却未能对生态利益的增加做出贡献。

另外，财产权的限制往往关注的是现实中已经获得、许可的权利受到的限制，但是，如果某个地区被划分为禁止开发区，则意味着不但现已存在的对于某种资源的开发利用不能进行，而且将来一般人想要再获得类似的财产权利也已成为不可能。所以学者对此概括为发展权受限制。即原本的靠山吃山、靠海吃海的朴素的资源利用理论受到限制。生存权与发展权都是基本的权利，所以这一权利应该得到法律的认可与保护。即发展权可以给予社会公共利益的需要（生态保护）进行限制，但是，公民的生存与

① 杜群，车东晟.新时代生态补偿权利的生成及其实现——以环境资源开发利用限制为分析进路［J］.法制与社会发展，2019（02）：43-58.

发展（可以获得与其他未受限地区同等的发展机会）也应该得到重视，此处可以通过对生态补偿来进行。其实生态效益的产生是需要一个过程的，可能需要较长的一段时间生态保护的成果才能够得到展现，所以，在一开始财产权受到限制时就去寻找生态受益人可能不太现实。而且，在实践中，已经授予他人的土地承包经营权或者海域使用权，现在因为生态保护的原因被收回，这时，应该由政府代表将来的受益者对其行为进行生态补偿。毕竟其行为对生态保护做出了一定的贡献，在现阶段又不能够通过其他方式得到补偿。

所以，尽管从理论上讲，生态补偿应该与环境治理和污染损害赔偿等有一定的区别，但是，从资金来源上，还有从所处阶段的先后承接上，都存在一定的密切联系，在现阶段将其进行严格的区分，并不利于生态保护工作的开展。

另外，财产权负有一定的义务尽管已经成为一种常态，所有权从绝对到负担相应的社会义务是应有之意。民法典在总则中要求对于财产的使用要遵循保护环境、节约资源的原则。但是，对于财产权负有义务，在不同的功能区，其环境义务的要求是不一样的，因此，处于环境敏感区的财产权的使用要接受的限制显然要比其他地区多，这样，仍然将财产权负有义务看作是对财产权的一般要求，不予以补偿，有失公平。德国针对国家对土地的用途限制超出了一般义务的限度而造成的权利人的损失，建立了特别牺牲补偿制度，而美国则针对此种情况，建立了准征收（管制性征收）制度。青岛市也对此进行一定的补偿。

此处，应否补偿的判断标准应该是土地用途管制对财产权产生了影响的程度，除非土地用途管制使得权利人根本无法实现其财产权或者很难行使其财产权，否则不予补偿。因为不同用途的土地使用权在权利设定的伊始即规定限制条件，并对应了不同的使用权价格。即用较低价格得到增值较小的土地，用较高的价格得到增值较大的土地，这一规定具有一定的合理性。因此，只要不超出该财产权本应具有的权能，则应将之作为公民应该承担的责任不予补偿。

DI WU ZHANG

第五章 市场主导下青岛市湿地生态补偿制度的完善建议

政府主导和市场主导作为湿地生态补偿的两种主要的模式，各有优劣，在实践中是相辅相成的，单纯采用一种模式难以达到理想的补偿效果。所以，当我们在谈论政府补偿还是市场补偿时，其实是从市场和政府何者作为主要补偿模式这一角度而言的。

以市场方式通过供需规律进行补偿，可以有效纠正现有的补偿实践中的弊端。前已述及，实践中，政府在生态补偿中发挥着主导作用有其客观的必然性。但是，不是在任何情形下政府主导补偿都是最理想的补偿模式，在条件成熟的情形下，采用市场化的补偿方式会产生更为理想的补偿效果。

青岛市如若以市场为主导开展湿地生态补偿，最好选择湿地系统已经较为稳定、各项功能得到较好发挥的地域进行。此时湿地各项功能比较成熟，湿地仅需进行常规的维护，如日常巡逻、污染预防，保护所需要的资金与人工与之前相比大为减少，同时，湿地生态系统产生的经济效益也比较确定。因此，通过市场化的运作就可以实现湿地的维护成本（包括对周边的农户等进行补偿和生态的维护与修复）与湿地经营收入的内部的平衡。企业经营风险较小，预期收益较为稳固。

但是，这仅是针对湿地的某个阶段，或者在某个地域的湿地补偿而言，市场发挥的作用更多一些。如果从湿地生态补偿的全过程来进行观察，市场和政府在生态补偿的各个阶段都不可缺席。市场机制能够发挥作用的前提是交易双方的地位平等、信息透明、规则公正，而这一切都离不开政府的配合。政府帮助制定补偿数额的基础标准，作为市场交易的补偿标准的参照；政府帮助明确交易双方的产权并帮助公开交易信息；政府负责建设交易平台，汇总交易信息，制定交易规则，监督交易最终的达成。即便是交易完成后，湿地生态保护义务的继续履行也需要政府继续进行监督。所以，即便以市场作为主要补偿模式，也离不开政府的配合。

一言以蔽之，市场与政府两种补偿方式是相依相伴、密不可分的。因此，在政府主导补偿下应该遵循的补偿原则，在市场主导补偿情况下依然适用，在此不再赘述。

市场主导下青岛市湿地生态补偿的方式有许多种，根据青岛市湿地的资源禀赋以及政府的决策方向，在此仅选择三种方式进行介绍，他们分别是湿地补偿银行制度、生态旅游制度以及采用市场化方式筹集湿地生态补偿资金。

第一节 建立青岛市湿地补偿银行制度

湿地补偿银行作为补充被占用湿地的一种方式，是在湿地占补平衡制度下采用市场化方式补偿湿地的较为理想的方式。湿地占补平衡制度的存在是湿地补偿银行制度得以确立的前提，但是湿地占补平衡制度的构建更需要政府主导，而湿地补偿银行却可以广泛地采用市场化方式进行建设、运营与管理。

一、湿地补偿银行的内涵

提到湿地补偿的制度，最完备的当数美国，美国关于占用湿地后的补偿分为三种方式：一种是占有者自行补偿，即占有者通过向特定的机构（美国国防部陆军工程兵部和有关州环保局）提交申请书，保证在占用湿地后的一定时间内，会自行出资对因自身的开发行为导致被占用湿地面积减少、功能降低或者对湿地产生其他不良影响的行为进行纠正，在原地重建、修复或者另外选址新建与受影响的湿地功能、面积等指标均相等的新湿地。如果申请通过了专家的评估，得到了公众的批准，则可以实施这一补偿方式。

第二种湿地的补偿与第一种自行补偿较为相似，不过，此时不是占用者自行对湿地进行修复或者新建，而是委托有资质的、拥有专业技术的第三方从事湿地的修复与保护。

上述两种补偿的方式都属于先占用后补充的补偿方式。对湿地的补偿存在一定的不确定性。毕竟从占用原有的湿地，到补偿新的湿地之间会有时间差，在这段时间之内，湿地处于空缺状态或者湿地功能因受到开发活动的不良影响而有所退化，湿地的生态功能受到一定的损害，这是毋庸置疑的。而且，即便是一段时间过后，新补偿湿地已经就位，也仍然会存在新的湿地的功能、动植物的种群、地质水文条件是否如被占用的湿地一样甚至更优的疑问。

第三种补偿方式又被称为湿地补偿（缓解）银行（Mitigation Wetland Bank），属于先补偿后占用的方式。即占用湿地者应该先从被核准的湿地银行经营者手中，根据所占有湿地的情况，按照一定的价格购买（贷出）一定数量的存款点（credit），用于对被占用湿地的补偿。其购买或者贷出的“存款点”，实质上是指湿地银行经营者事先按照一定的标准新建、重建的，或者对原有功能退化的湿地进行修复后的新的湿地，在获得有关部门的评估审核后获得的可以出售的湿地指标。因此，从运作原理来看，湿地补偿银行与一般商业银行相似，它与一般商业银行最大的不同之处在于其经营的业务并不是金钱的存入与贷出，而是通过新建、修复、改善、保护湿地而获得的存款点（湿地补偿指标）的存入与贷出。

采用这一补偿方式，等于是从第三方手里提前购得一定的湿地，以获得国家对于新占用湿地的许可，即用A湿地换取相关机构对于开发占用B湿地的认可。在这种补偿方式下，用来补偿的A湿地是已经切实存在，而不是仅存在于计划书中；是已经符合一定的标准，具备湿地的相关功能，而不是仅承诺在未来的湿地中应满足的标准与条件；其面积、质量、可提供的生态服务都是可以被测量和评估的，是能够清晰地展现在公众面前的，而不是在将来的某个时间拟被补偿的湿地可能呈现的。所以，这一湿地的补偿方式，能够避免在前两种方式之下，在“先占用，后补偿”的时间差中湿地的损失，并能克服新补偿的湿地的面积、质量、功能等存在的不确定性。湿地补偿银行制度可以广泛地动员社会资本参与到湿地的生态补偿之中，有效地解决了湿地保护资金匮乏的问题。而且，湿地补偿银行的申请、建设、运营都是由专业的公司、专业的技术人员进行的，相比自我补偿方式更为专业，更节省人力物力，且湿地补偿银行建设修复的湿地规模较大，相比单独的新建和修复湿地，更有利于湿地生态系统的形成、优化，能更好地发挥一加一大于二的规模作用。

基于此，尽管湿地补偿银行制度最初是美国建立的保护湿地的一种制度，但是因为其设计相对合理，在湿地保护补偿方面效果显著，所以在近些年受到广泛的好评，除了在美国得到较为广泛的使用以外，其他国家与地区也纷纷展开了效仿。

二、湿地补偿银行的运行机制

湿地补偿银行的运行过程，简言之，即有人出于经济开发或者进行公益建设的目的，需要占用受法律保护的湿地，由此背负了补偿湿地的义务。为满足自身负有的湿地补偿义务得以切实履行，其可以到湿地补偿银行的经营者那里，使用事先在该银行中存入的“存款点”，或者按照一定的价格贷出“存款点”。

（一）基于对湿地的开发行为而负有补偿湿地的义务

湿地的占有者、开发者，因其对现存的某一湿地有开发需求，需要占用湿地或者改变湿地的用途或者因在湿地周边的开发活动而对湿地的生态功能和经济功能产生不良的影响，根据美国《清洁水法》第404条规定，负有补偿、保护湿地的义务。而为了完成其补偿或者保护湿地的义务，他们可以选择向湿地补偿银行经营者购买一定面积和质量的生态功能相同或者更优的湿地，以实现对湿地的生态补偿。[①]

（二）了解可供出售的湿地的基本情况

当湿地的占用者、开发者基于法律的规定负有补偿湿地的义务时，应该咨询从事特定地域范围的湿地补偿业务的湿地补偿银行经营者，以了解湿地补偿银行现存的可供补偿的湿地的位置、面积、种类、质量以及生态功能等各方的情况，经过甄别，初步选定拟用作补偿的湿地，并且根据法律的规定，初步核算出应补偿湿地所需要的存款点。

（三）提出申请

湿地的占用者、开发者经过考察了解后，接下来至为关键的一步是向有关机构提出采用湿地补偿银行的方式补偿湿地的申请，只有申请获得批准，才可以采用这一补偿方式。申请书中应该包含：拟占用的湿地的基本情况以及拟选择补偿的湿地的情况，在美国，这一申请需要向美国陆军工程兵团提出。

（四）审核批准，提出补偿比率

相关机构接到申请书后，首先需要审查该开发行为是否必须占用湿地，如不需要占用湿地，则将申请驳回，若确需占用湿地，再审查对该处湿地的占有和使用存不存在将湿地的不良影响降到最低的方案和技术，若有，则驳回申请；如果确需占用湿地而且现有的开发方案已经是最优方案，接下来会对补偿方案进行审查。审查内容包括：评估被占用湿地的基本情况，评估拟补偿的湿地的基本情况，根据两者的基本情况确定该处湿地的补偿比率。这一具体的补偿比率，需要由陆军工程兵团来进行确定。陆军工程兵团在确定比率时，有简单与复杂两种方法，简单的确定方法即单纯根据面积确定比率，不考虑其他。复杂的比率确定方法则是要根据补偿湿地与占用湿地的类型、质量、距离的远近、功能的差异、工程的难易

① 刘金森，孙飞翔，李丽平.美国湿地补偿银行机制及对我国湿地保护的启示与建议［J］.环境保护，2018（08）：75-79.

程度、对周边生态环境的影响大小来确定一个湿地补偿比率。一般来说，都会高于1：1。补偿比率确定下来后，相关机构会批准补偿申请，并督促湿地补偿义务人及时履行补偿义务。

（五）向湿地补偿银行经营者申请使用或者购买（贷出）一定的存款点

补偿义务人根据申请书的批复情况从湿地银行贷出足够的存款点（信用），以抵消自己所负有的补偿湿地的义务，当然如果其事先曾经在银行已经有过湿地存款，则可以申请直接使用。

湿地补偿银行的经营者是指申请设立湿地补偿银行，并通过提供新辟湿地或者已修复的湿地，获得被相关机构认可的存款点，并将之贷给负有补偿保护湿地义务者。湿地补偿银行的经营者可以是政府、机构、非营利性组织（环境保护组织、环境咨询公司）、个人，也可以是个人与政府进行合作经营。他们可以通过从事湿地补偿银行业务获得盈利（在实践中该业务利润可观）；也可以不以营利为目的，纯粹为了保护湿地，改善湿地的生态功能，实现湿地零损失的目标。就美国而言，湿地补偿银行的经营者以商业公司为主。

经营湿地补偿银行必须要经过相关机构的许可。在美国，湿地银行建设者需向陆军工程兵团提交申请说明书。说明书中应该包括该银行的设立宗旨、服务理念与范围、具体采用何种方式在何区域新建、重建、修复、保护湿地，以及新湿地的建设指标情况、新湿地的建设资金来源、新湿地建设后的持续维护情况等。相关机构经过严格的审核，确认申请方确实具有湿地补偿的经营能力，而不仅仅是为了盈利，才会通过申请。

经过批准的湿地补偿银行经营者可以按照方案计划开展选址以及启动湿地的新建、重建、修复、保护等工作，然后，根据湿地的建设情况和湿地面积质量、生态功能等各方面情况申请“存款点”。并不是只有等到湿地全部被建设、修复完毕，生态系统完全稳定成熟才可以申请存款点，其可以根据国家法律的规定，结合申请书，在湿地建设的不同阶段皆可申请。当然，不同阶段的湿地因为其质量和生态功能指标存在差异，所以“存款点”的多少也会存在不同。具体“存款点”的数量需要经过监管机构（陆军工程兵团）根据湿地建设前的土地状况和土地被建设为湿地后的状况的对比，评估决定。一般来说，新建的、修复的湿地1英亩等于1个存款点。“通常，当前场地和未来场地条件的区别越大，每英亩地获得的存款点越高”[①]，1亩退化农田分别被修复为1亩的林间缓冲地带湿地、淡水沼泽湿地和修复为潮汐湿地，获得的存款点存在差异，前两种可能得到的存款点不超过1，后者则可能超过1。

生成被相关机构认可的存款点后，这一存款点就可以被存入湿地补偿银行，用于开展信贷业务。

湿地补偿银行的存款点标价是根据土地的价格由不同的机构进行确定的，不同的地区可能价格存在较大的差异，只要符合市场定价的基本规律，不违背公平合理原则，都能够得到法律的认可。

不是随便从哪个地区购买一块湿地，皆可以替换拟占有的湿地。湿地补偿银行可以售出的补偿湿地能够抵消的开发湿地的范围，即湿地银行的服务范围，是有明确规定的。从美国的做法来看，具体的限制范围由州自行决定，有的限制较严，要求补偿的湿地与占有的湿地需要限制在一个生态服务系统可服务的范围内，有的限制较为宽松，不考虑湿地生态服务距离的远近，只要是在本州范围内皆可。

（六）购买了相应的存款点后，将相应的湿地进行移交

湿地补偿义务人在购买了相应的存款点后，还需要将购买到的湿地的管理权进行妥善的处理，其可以选择自行继续维护该湿地，也可以选择将其移交给政府的有关机构、环保组织等进行后期的维护管理，当然，需要

---

① 刘金森，孙飞翔，李丽平.美国湿地补偿银行机制及对我国湿地保护的启示与建议［J］.环境保护，2018（08）：75-79.

提供必要的资金，并需要解决湿地的权属问题。尽到上述义务后，经过相关部门的审核，其补偿义务得到履行。

（七）相关机构继续维护和管理湿地

相关机构对于移交的湿地，会继续展开后续的监督检查，以确保移交的湿地合格，并保证湿地能够以目前或者更优的状态继续发挥其生态功能，提供生态服务。

三、青岛市湿地补偿银行建立的启示

青岛市在《青岛市湿地保护修复工作方案》计划探索湿地补偿银行制度，以助力青岛湿地生态补偿工作的开展。青岛市已经具备建立湿地补偿银行的制度基础，比如湿地生态保护红线的确定、湿地分级名录的制定、湿地占补平衡制度的确立实施等。加之近些年来，青岛市滨海湿地不断减少，质量下降，湿地保护的压力越来越大、紧迫感越来越强，仅靠政府的力量来修复保护湿地，力量有限，借鉴湿地银行这一制度可以发动公众的力量，从社会筹集资金，有效地缓解政府的财政压力，提高湿地保护的效率。因此，青岛市建立湿地补偿银行制度有一定的必要性。不过，将湿地补偿银行制度落到实处，青岛市还有以下工作要做：

（一）完善湿地保护的立法以及明确湿地补偿银行的法律制度

美国湿地银行制度的建立并不是一蹴而就的，而是一个不断完善的过程。完善的法律制度对于其湿地补偿银行制度的完善发挥了重要作用。美国1972年颁布联邦《控制水污染法》（Clean Water Act），其第404条提出对在境内攫取与填埋水域的行为需要获得相关部门的许可，为湿地补偿制度打下了基础，其后又在1980年继续完善404许可的详细条件与过程，然后在1987年提出了湿地“无净损失（No Net Loss）”的政策并制定了湿地划分的相关法律，将湿地补偿方式提到法律高度，在随后的时间内，进一步完善对湿地补偿的相关要求，在1990年、1995年分别制定法律明确了湿地银行的合法定位并将湿地银行确定为湿地补偿的主要补偿方式，其后又不断地简化湿地补偿的申请流程，提高湿地补偿的效率。湿地银行法律制度的完善对湿地银行数量的提升作用显而易见。在1993年前后，全美共有46个湿地补偿银行；8年后，数量增加了4倍多，并且其中有10%的湿地补偿银行业务已经在实践中被售出，开展湿地银行业务的经营者得到了预期的收益。又过了四年，到2005年，湿地补偿银行数量又翻了一番，截至2013年，已有1 800个湿地补偿银行得到认可。从中我们可以看出，美国在设计、选定湿地银行作为湿地补偿的主要方式是一个长期的过程，其中伴随着法律制度的不断完善和成熟。

在美国湿地补偿的每一个关键环节，"法律通过规定湿地保护中政府、开发者、受益者、保护者等各自的权利义务，湿地保护行为制度化""法律是湿地保护制度进化的中枢关节，或谓之竹节（Bamboo Node）"①。

因此，青岛想要将湿地补偿银行制度正式确立下来，并希望其在实践中发挥重要的作用，也必须学习这一做法，将相关的法律制度进行完善，将模糊的湿地银行诉求予以细化，将概念性的制度变得更有可操作性。

（二）有效整合现有的管理监督部门，明确各自的职责

不同的政府机构扮演的行政监管角色不同。在美国，负责湿地补偿监管职责的机构有美国陆军工程兵团（其职责是由《清洁水法》所有授予的）、美国环保署、鱼与野生动物服务组织和国家海洋和大气管理局等。

所有开发项目均由陆军工程兵团审查并决定许可的授予与否，而许可授予应该遵循的标准则由环保署制定，环保署也有权否决与标准不一致的陆军工程兵团的许可。鱼与野生动物服务组织和国家海洋渔业服务组织作为专业机构负责评估所有对鱼与野生动物产生影响的新联邦项目，其可以向陆军工程兵团就其审核的工程项目是否会影响到鱼类以及水中的野生动

① 陈溪，等.美国湿地保护制度变迁研究［J］.资源科学，2016（04）：777-789.

物的活动提出反对意见，而其意见可以被环保署所否决，此时，其又可以要求上级部门陆军工程兵团进行重新审核。这些机构的职责既有所区别，又相互制衡，能够保证湿地保护有序地开展，湿地补偿能够在谨慎、专业又高效的机制下进行。

青岛市也需要建立负总责的湿地综合管理体系，需要明确何种申请由哪一具体机构负责审批，环保部门、林业部门有没有进行检查核实的权利等问题。此外，也应该处理好中央与地方的关系，明确分别由中央批准和地方负责审批的湿地补偿事项。

（三）建立有效的市场化的机制

有效的市场化机制的建立与运行需要明确产权，细化各方权利与义务，提供湿地长效保护机制的法律化保障与资金支持，并明确新建、修复湿地能否售出并可以获得利润，新建修复上湿地的权利属性以及能否得到法律保护等问题。

1. 被占用湿地以及被补偿的湿地的原始产权归属问题

产权问题是湿地补偿银行制度之中必须要先行解决的问题，因为只有产权清晰，才能够进行有效的市场交易，才能明确各方的权利与义务。目前，我国正处于各项自然资源确权登记的有利时机，青岛市应该抓住这一时机，不仅对土地承包经营权和宅基地进行确权，也要对无人利用的土地以及退化的土地、湿地等进行确权的登记。

2. 明确新建湿地、修复湿地或者加强保护湿地的权利归属

新建的湿地实际上是对其他土地用途进行改造，比如对于废弃的矿山深坑或者其他挖掘场地、生产功能严重退化的耕地等进行土地种类和用途的改造。其土地的所有权一般是不会发生改变的，除非国家对此进行了征收，改变的只是土地的类型或者土地上的（准）用益物权。此外，需要明确原来的建设用地使用权、土地承包经营权改变为湿地上的何种权利。

对已有的湿地进行了修复或者对湿地的功能进行了加强，因为该土地

本身的性质没有发生变化，故其上的权利类型没有发生变化，不过是增强了湿地的生态功能，提升了湿地的生态效益，因此，对于其付出的劳动，应该可以申请获得生态效益的补偿权，如果国家不能代表社会对此进行补偿，则应该允许为此付出劳动、资金技术和管理者通过某种方式将这一权利出售。

3. 明确保护湿地（不进行开发）取得何种权利

保护湿地，即为了使湿地免遭进一步的污染或者功能的退化而退耕还湿或者退林还湿等，或者权利人被禁止在土地上从事一定的行为，包括特定的种植行为、使用行为等，即土地的用途受到了特殊的限制，遭遇到了征收或者准征收，此时，土地使用权人可以向国家主张征收补偿或者特别牺牲补偿。同样，如果不能从国家手中获得补偿应该允许其将之出售。

考虑到目前湿地市场化程度不高，而且售出后湿地仍需要继续保护的问题，以及政府对占用湿地从事经营活动或者改作他用的具体情形和规划不明确的情况，经营者事先进行湿地的建设、恢复等活动存在较大的风险。为了鼓励湿地银行经营者进行湿地修复和保护，建议青岛市在市级范围内由国家出资设立湿地银行，并且也不建议采用一个湿地保护项目一个银行的方式，而应像真正的银行一样，凡是对湿地进行新建、恢复或者保护者，经过国家有关部门的审查批准后，其行为可以折算成存款点存到银行，银行直接给予一定的回报，或者根据行为人的意愿，留待占用湿地者购买，如果在一定的时间后无法售出，仍可以将其出售给银行。如此，即便市场上无人购买存款点，湿地保护者也不会徒劳无功，得不到任何补偿。

因此，当政府为了保护湿地、修复湿地或者加强其功能时，实际上会对周边土地的开发权进行相应的限制，限制土地的某些用途，比如不允许耕种、放牧、养殖，不允许采取对环境和生态不利的行为，或者完全禁止土地开发，因此，这些土地的发展权确实受到了一定的影响，从开发权的角度看，则是开发权受到损害；而从国家的行政行为的角度来看，如果政府是采用发布行政命令的手段改变原有土地开发的状态，从而使得土地的财产权利实际上不能行使或者受到较大的限制，则可以构成准征收，因此，政府应代表公众对因其行政行为造成损失者进行补偿。

4. 采用被法律认可的市场化的方式进行湿地生态补偿

政府统一征收土地或者收回海域使用权，或者通过行政命令的手段限制湿地周边的群体从事一定的行为等可能会遭到权利人的抵触，建议政府可以采用现行法律中认可的一些市场化方式设定双方的权利义务。

其一，可以通过对土地进行租赁或者在土地上设立经营权的方式，对土地权利人支付一定的租金或者相应的许可经营费用，通过市场定价，获得湿地的使用权利。

其二，通过设立地役权，要求土地使用权人或者所有人负担一定的义务。地役权是指某一土地权利人为了使用自己土地的便利而使用他人土地的权利。地役权不是一种法定的权利，而是需役地人与供役地经过平等的协商，以向供役地人支付一定的对价来换取供役地人允许他人在自己的土地上进行通行、取水、采石等行为，或者接受他人对自己使用土地行为的一定的限制，比如在土地上不能种植某种作物、不能使用农药等。因为在地役权的设定过程中，双方本着平等自愿的原则进行协商而签订的协议，并且对于他方使用自己的土地的行为，受限制的土地也获得一定的费用作为补偿，所以地役权的履行能够得到供役地人的积极配合，双方的矛盾冲突相对较小，对于供役地权利人的伤害可以减到最低。而且，地役权具有从属性和不可分性，对于保证供役地义务的履行和需役地权利的享有十分有利。即地役权是附着在供役地上的，可以随着供役地权利的变化而发生转移，也就是说如果供役地权利人由甲变为乙，那么地役权也相应地由甲变为乙，仍然为供役地使用的便利而存在。而需役地权利人的变化也不会影响其义务的履行，经过登记的地役权对于需役地新的权利人依然存在约束力。

另外，需役地的分割也不会导致地役权受到影响，分割后的需役地就其承担的地役权的义务仍然存在。所以，地役权的这一特性，使其特别适合被用于基于生态保护的需要而限制某一土地进行特定的开发利用活动这一情形。与前两种方式相比，它不但可以减轻行政征收的强硬性和行政相对人的抗拒性，也可以降低行政机关进行补偿时，补偿标准的不确定性。

（四）明确湿地补偿银行的服务范围

湿地银行的服务范围必须得到明确的既定，在湿地的占补平衡中，我们知道补充的湿地离被占用或者改变用途的湿地越远，给生态系统的地域平衡性造成的影响越大。一是原湿地附近居民的生态权利受影响问题，二是从整个生态系统的循环、平衡等角度进行研究，如会不会影响地下水的循环、会不会因为距离地形等原因影响生物的多样性、会不会因为改变了湿地的位置导致偏离了候鸟的迁徙路线等种种问题。因此，湿地补偿的范围不能太大，距离不能太远，一般以处于同一个河流区域为限。对此，我国可以在湿地占补平衡的要求之中对此进行一并涉及。

（五）湿地补偿银行的长效保护机制的设计

之所以湿地补偿银行比普通的占补平衡更为科学合理，是因为湿地银行中从申请开始就贯彻着湿地的长效保护的要求，根据法律规定，补偿重建的湿地必须被监测大于一定的年限，确保这些湿地能在结构和功能上替代之前被破坏的湿地。[①]而且湿地的新建、修复或者保护等费用以及将来的长效管理保护的费用，都是由湿地银行的经营者提供。如果湿地银行的市场化程度较高，则湿地银行可以通过向社会募集资金或者事先与需要占用湿地而负有补偿湿地的义务者达成协议，由其支付一定的金钱作为经营的启动资金。如果一开始的市场化程度不高，则只能是主要靠政府财政拨款、补贴进行湿地银行建设项目。然后建成之后的存款点转移给政府，政府寻找合适的时间再将其出售。

---

① 陈溪，等.美国湿地保护制度变迁研究［J］.资源科学，2016（04）：777–789.

（六）建立相应的配合机制

1. 建立湿地补偿银行业务的宣传与培训机制

湿地补偿银行在青岛是一个新兴事物，许多公众对此较为陌生，其设立的目的、宗旨、在湿地补偿和湿地保护中发挥的作用公众还不清楚，因此可能接受程度会受到影响，不利于在湿地银行的运作过程中吸引公众资金参与，因此，需要对此进行宣传，以便社会能够迅速接受。

此外，也应该对湿地银行的经营者和湿地补偿义务人进行培训，使之在较短时间内掌握湿地银行的申请、设立、运营、监管等相应的环节，减少操作的难度。在美国，这一培训也是经常性展开，并在湿地银行的发展过程中发挥了重要的作用。湿地补偿银行多位于美国东南部地区，因为此处自然湿地较多，具有较大的先天优势。“美国环保局、美国陆军工程兵部以及各州，每年都有各种名目的补偿湿地和湿地补偿银行的专业短训班，学员主要来源是教师、政府官员和生态环境公司技术人员。”①

2. 开展湿地银行保护的理论与实践研究

湿地补偿银行的运作还有许多需要解决的问题，比如如何保证湿地银行能够真正地建立，而不是打着建设湿地的旗号，实质上行破坏土地或者用另一种用途来利用土地之实；湿地银行的存款点的数量如何计算才能更为科学；补偿地地域以及补偿比率应该按照什么标准确定才更为合理，以及湿地银行的长效保护机制如何保证，湿地银行如何融资，如何解决实践中的各种法律纠纷问题等等。这些问题都需要学者展开相应的科学研究。在美国，湿地生态学术研究活动极为频繁。“美国湿地科学家学会”就是其中较为活跃的研究机构之一，其研究结果对于湿地银行的完善、数量的增加起到极为关键的作用。

---

① 张立.美国补偿湿地及湿地补偿银行的机制与现状［J］.湿地科学与管理，2008（04）：14-15.

3. 积极促进湿地银行试点的展开

对于新生事物，其运行究竟应该如何展开，会遇到什么样的法律问题，会产生什么样的生态效益，起到何种湿地保护作用，只有理论研究，说服力终究有限，还需要进行实践。这就需要展开湿地银行的试点，青岛可以先行准备，在条件成熟时，率先进行实践。比如“俄亥俄州立大学湿地研究中心于1997年再建的一个3.5 hm^2的补偿湿地，经过5年的水文、水生植物以及土壤的监测并完成定期的报告，于2003年这一补偿湿地正式获得‘404许可’”[①]。

4. 对湿地补偿银行进行严格的监管

在美国有负责银行许可并对其进行监管的机构，其中，陆军工程兵团在湿地管理中居于主要地位，美国环保局、鱼类与野生动物管理局、自然资源机构以及部落、州和地方监管和资源机构等其他部门组成的联合评估小组（IRT）对陆军工程兵团的工作予以协同、监督。IRT“其主要职能是审查补偿湿地建立和管理的法律文件，给陆军工程兵团所在区域的工程师提出各种建议，对补偿湿地的建设、运作予以监管”[②]。上述监督机构可以在某一区域常设，也可以基于某一湿地银行而单独设立。

5. 明确湿地补偿银行经营者的性质与地位

作为湿地补偿银行重要的一个主体，湿地补偿银行哪些主体可以开展这项业务，其要求必须是营利性的机构还是非营利性机构，其成立有没有什么特别的申请批准，属于哪种类型的民事主体，这些问题都需要得到明确。

---

① 张立.美国补偿湿地及湿地补偿银行的机制与现状［J］.湿地科学与管理，2008（04）：14–15.

② 邵琛霞.湿地补偿制度：美国的经验及借鉴［J］.林业资源管理，2011（02）：107–112.

（七）需要避免的问题

虽然湿地补偿银行制度有许多优点，但是，也存在一定的问题：一是可能会使人们觉得只要购买到了存款点，就可以任意地使用湿地，从而导致对湿地的任意使用。“项目开发商通过出钱购买缓解信用就可以达到合规要求，一定程度上也助推了他们对湿地缓解银行机制的依赖，而忽视了开发项目设计中应尽量避免或最小化对湿地的破坏的原则。”[①]二是，新补偿的湿地是否真正能够代替原有的湿地发挥相应的生态功能，尽管从技术上，尽量保障指标的选取与原湿地相同，但是，原有湿地的存在是由当地的地质、地貌、水文、植被等各种因素相互耦合作用才得以形成的，其存在也会对原地区的生态产生一定的影响。因此，占用原湿地，尽管补偿了新湿地，从湿地的总面积上看没有减少，但是湿地位置的改变，势必会对新旧两地的生态、经济、社会功能带来不同的影响，此处，新旧两地的人们会因此被带来哪些有利及不利的变化，在占用湿地与补偿之初，并不能够被完全科学地预测到。并且，水循环并不是简单的一两天就会被重建或者改变的，尽管新湿地的功能保持与原湿地大致一样，这也只不过是从人们已有的认知出发去进行检视，人类目前没有发现但是确实存在的生态的功能能否也一并得到迁移，则存在疑问。

---

① 朱力，牛红卫.浅议美国湿地缓解银行中的长效机制［EB/OL］.（2019-2-28）［2020-5-4］.https：//mp.weixin.qq.com/s?src=11×tamp=1615451492&ver=2939&signature=97xXqDNpQI6nB9hu0AlRJIv50UodgEAZtWGRRbOIjYbVMu9IQALuQsJyaQgYXDr*DeVNy8M6FmsRELxbZsGqKsY5kloXtFuERWBdSuGBAsPlrEh8QzUUB0dlZ8n8b1l-&new=1.

第二节 完善青岛市湿地生态旅游制度

一、生态旅游与湿地生态补偿

旅游是放松身心拥抱自然的绝佳方式，但是在各景区同质化日趋严重的今天，旅游给人民带来的愉悦也逐渐被景区拥堵、景观同质化等问题所削减。过去人们对旅游资源的开发，倾向于大拆大建，修建大同小异的人造景观，售卖相差无几的景观文化和纪念品，不能体现当地特色与生态优势。且旅客在旺季蜂拥而入，大大超出当地环境的承载能力，垃圾遍地、草衰树稀，生态环境遭到严重破坏，动植物资源减少乃至珍稀物种绝迹，但是对环境做出贡献的当地居民却无法得到相应的生态补偿。

此时，生态旅游作为一种新兴的旅游方式大受好评，尽管现在其概念还未能得到统一和准确的定义，但是其下列特点是被共同强调的。一是旅游观赏的是未被人类额外加工的原始的自然景观，体味的是当地原汁原味的生活方式与文化；二是旅游活动对当地生态几乎不产生不良的影响；三是为生态做出贡献与牺牲者（当地居民）能够切实从生态旅游中获益，并因此有动力和资金为当地生态保护提供持续支持。

概而言之，这种旅游构建了多赢的局面。对于当地的生态环境而言，旅游不会对其产生破坏，反而能够为其筹集继续保护的资金；对做出贡献的当地居民而言，能够参与旅游的设计开发管理，并能够分享旅游带来的利益；对于旅游者而言，能够与大自然和谐共处，增强当地的生态体验，丰富对动植物品种、生态链等知识的认识，接受保护环境方面的生态教育，这种经历是独特的、原始的、更贴近心灵的；对于旅游经营者而言，可以通过让渡部分利益，履行一定的义务而获得旅游持续地发展。所以生态旅游是对各主体皆提升利益的。生态旅游需要注重当地社区的可持续发展，如果旅游可以促进就业、增加收入、改善当地民生，那么民众才更可能珍惜和维护当地的优良生态。

二、青岛开展湿地生态旅游的优势

青岛一贯是闻名遐迩的旅游城市，其中的湿地旅游资源丰富，但是，在越来越多同质景观的冲击和疫情的影响下，青岛市的旅游业也出现了一定的问题，需要考虑转型升级。尤其对于湿地旅游而言，绝对要把保护放在第一位。湿地生态环境较为敏感和脆弱，也许外界仅给予一点不良的侵扰，对湿地可能会造成巨大的伤害。所以，青岛不能单纯为追求旅游上的经济利益而有损湿地的保护，生态旅游就非常适合青岛的自身情况。而且，青岛市具有开展生态旅游的天然优势。

青岛有众多的湿地公园和湿地保护区，胶州市少海国家湿地公园湿地、青岛羊毛沟花海湿地、黄岛区唐岛湾国家湿地公园湿地、胶州湾大沽河口滩涂湿地公园、海军公园、姜山湿地、青岛市棘洪滩水库湿地等十多处湿地。青岛市国家级湿地、省级湿地和市级湿地应有尽有。它们各有特色，有的封闭，有的开发，有的收费，有的公益。可以根据各自的特色开展相应的生态旅游。

（一）去红树林滩涂探寻独特的物种，体验红树林对于水质净化、生活多样性养护、加固海岸所发挥的独特作用，并学习如何改造盐碱地，如何安装人工堡礁等科学趣味知识。

（二）学习用科考的眼光认知真实的自然界：认识湿地的生成，水的循环，湿地的植物、动物、地质地貌，学习怎样驱赶鱼群、如何挖蛤蜊，发现弹涂鱼的家，如何投放饵料，如何放样育苗等，以拓宽视野、亲近自然。

（三）探险。去湿地公园开启探险之旅，姜山湿地是青岛市最大的沼泽湿地和野生动物集散区，休闲体育大会的主要承办地，有极限运动、攀岩等众多惊险刺激的活动。羊毛沟花海湿地结合盐碱地特有植物柽柳树，打造了恐龙秘境，可以让游客身临其境体验恐龙时代。

（四）观鸟和寻鱼。湿地有众多珍稀鸟类，如天鹅、丹顶鹤、白额雁，国家级重点保护动物大量在此聚居，濒危鸟类两种，大杓鹬和大滨鹬，还有易危物种等，青岛市科协也组织了“湿地观鸟”科普活动，营造护鸟爱鸟氛围的同时，提升全民特别是中小学生的生态意识和生物知识水平。附近泥滩上的大弹涂鱼、大鳍弹涂鱼、大眼蟹、厚蟹、泥螺等底栖生物，可以让学生们了解底栖生物的生活习性，接受自然教育。

（五）探秘独具特色的海军文化。海军公园是一个军事文化色彩和自然景观相融合的开放性滨海公园，是国内第一个建成的海军主题公园。在这里可以领略独特的海防文化，体味军民融合。让游客认识海岸线的地域特点和海军武器装备，增强国民对海疆的守护意识。

（六）避暑，养生。青岛滨海湿地，不仅气温较低，而且靠山临水，环境优美，氧气含量丰富，哪怕简单的露营，自有其养生的益处。且还可以到十八农庄花菜田体味农家生活，了解耕读文化，体验自己动手的乐趣。还可以去青岛羊毛沟花海湿地生态文化产业园观赏鲜花，打卡网红粉黛和红地肤花海胜地。

三、青岛市生态旅游的补偿方式

青岛市通过生态旅游进行湿地生态补偿的方式，可以根据当地的生态优势，以及游客的支付意愿和当地社区接受补偿的意愿选择以下一种或者多种进行组合：

（一）利润分成

对生态旅游收入实行利润分成的方式，即对利用生态旅游资源进行开发、生产生态旅游产品或者提供生态服务的企业、单位或者个人，从其获得的利润中分出一部分作为生态资源的使用费用，以用于对生态做出重要贡献者进行生产与生活上的补偿，并促进生态资源的恢复或者改善。

具体而言，可以采用从门票收入中分享一定部分，或者从生态旅游区的所有营业收入中分享一定部分用作补偿，或者不去具体考虑生态经营者的经营额度与利润，而规定一个固定的数额作为补偿。这一方式在实践中已经在其他领域得到证实，确实取得了良好的补偿效果。

例如，成都市郫都区唐昌镇基于其优越的地理环境，成为成都市最大的饮用水源保护区，为了保护好源地，村子发展受到严重限制，村里经过勘察调研决定打造国家农业大公园。为了实现生态红利的共享，在对外发布农商文旅体项目的引资公告时，要求前来投资的主体，除了支付村民租金（流转土地）之外，每月还要按照营业额的3%给村集体分红，以作为村集体为引进的企业打造良好的生态环境的补偿。有企业认识到了良好生态环境的重要价值，并且认识到好的生态环境的保护需要村集体来进行，因此愿意与村集体展开社区合作，为其支付分红。望丛釜火锅餐饮项目成为第一个敢吃螃蟹的企业，其承诺每年在支付农户租金20余万元基础上，分享给金星村集体每月营业额3%作为分红，但是要求分红的收入要作为金星村的生态环境建设基金。这一分红合作的生态补偿方式开展以后，望丛釜火锅餐饮项目当月就向村集体经济分红8 803元，次月分红9 235.5元……短短几个月时间，为村集体分红5万余元。

再如，青岛市封闭的湿地公园如花海湿地、莱西姜山湿地等利润分享是比较不错的做法，再比如，海军湿地公园里可以成立特色的海军历史文化展厅进行收费分红，体验射击、打炮、海战模拟、海军生活体验等获得收入。

这种利润分享方式主要是采用契约的方式，在生态旅游经营者和生态提供者之间建立连接，明确在生态旅游中各自的权利义务。在此种方式下，生态提供者一般不参与生态旅游的经营管理，单纯地分享利润，然后履行维护湿地生态环境的义务，这种方式对于青岛市社区组织成熟程度不高的湿地景区适用。

（二）参股分红

参股分红方式，是指通过将湿地或者湿地周边的土地（海域）上的相关权利如土地使用权、海域使用权、养殖狩猎权、采摘权利等作价入股，将权利转化为一定的股份或者股权，或者将生态资源价值量化，折价入股，并将股份或者股权分配给被补偿对象，通过向他们支付股息股利的方式实现湿地收益的共享。再或者由村民直接缴纳一笔金钱向企业入股，成为股东而分享股利。

首先，湿地以及周边的土地权利多种多样，既有国家的所有权，也有集体的所有权，而且还存在国家或者集体发包、批准其他主体在上述区域从事生产而产生的诸多权利。其次，他们作为权利人在湿地保护区域实际从事了湿地的生态保护工作，对于湿地能够以生态优势而成为旅游目的地做出了贡献。因此，他们作为当地原住民有权共享生态红利，分享经济发展成果。

综上，他们的权利、贡献、牺牲与需求都应该得到重视，那么如何协调彼此之间的利益冲突，对他们进行科学合理的补偿？公司制是一种非常理想的方式。这种方式将生态资源的权利人、贡献者、牺牲者通过公司制度紧密联系起来，将他们确定为公司的股东，通过参与公司的发展决策，分享股息股利的方式结成利益一致、目的相同的群体。

青岛市可以参照湖北通城县打造富全二郎溪森林公园时的做法设置土地或者权利、生态利益的参股分红，对有贡献者进行回报。富全二郎溪森林公园采用的是土地入股加利润分成的方式，首先农户以土地入股进行造林，原则上每年耕地不低于600元、荒地不低于300元，到年底再根据森林公园的经营利润参与分红。青岛市可以在土地权利明确、争议较少、市场化程度较高的地区采用这一补偿方式。

（三）成立湿地旅游合作社

各地的乡村旅游合作社次第兴起，乡村旅游合作社是在农旅深度融合发展中成长起来的新型农业经营主体，可以有效推进规模经营，促进有序竞争。这一形式对湿地旅游同样适用。

青岛市许多湿地是免费的，而这些湿地也是需要维护管理的，这会产生相应的费用，如果湿地的所有权属于国家，国家可以采用征税收费等方式获得相应的维护、补偿费用，这个其后再述。如果该湿地是由集体拥有所有权的，那么较好的选择是采用合作入股的方式统一经营农家乐、餐饮住宿、特色旅游项目。因为允许个体提供独特的旅游项目，如提供划船观光服务、出租帐篷，售卖特色产品等，可能会为了追求经营利润导致霸占经营、强拉强卖、价格欺骗等现象，上述现象会降低大家对于生态区域的消费评价，严重时会发生即便生态环境非常优良，但是却没有游客观光的现象。另外，可能会因为经营能力和地段位置的问题导致收入差距过大。尽管为当地的生态保护提供了同样的甚或更多的贡献，但是收入差距悬殊。

所以这种不规范、不统一、不公平的现象可以通过成立湿地旅游合作社进行统一经营而得到解决。首先，可以规范经营，此处可以借鉴白马山乡村旅游专业合作社的做法[①]，对农家乐的住宿进行统一的管理，此外，还可以对餐饮企业、售卖特色农产品企业、养生避暑项目、摄影服务等一系列的经营活动进行统一定价、统一管理，避免恶性竞争、过度消费生态资源等情况的发生。其次，对于旅游收入按照在合作社中的股份进行合理的分配。农民专业合作社既不同于企业法人、也不同于社会团体法人，而是一种全新的经济互助组织。所以此处所提到的股份并不是公司法意义上的股份，它综合包括了土地权利、生态服务、旅游工作的从事、特色产品

---

① “八个统一”：统一制作门楣店招、统一合作社管理、统一礼仪技术培训、统一入住价格标准、统一编排农家乐号码、统一社会管理制度、统一申报微型企业、统一制作安装标识标牌。

的提供等许多方面。比如，除了要把土地、用来经营的房屋折抵股份，为当地旅游提供特别服务的也要计算到股份中去，如作为特色导游，为游客讲解湿地的动植物资源等相关知识，带领游客进行湿地游览或者体验湿地人的真实生产生活（如出海捕鱼），体验科学探秘，体验反偷猎海鸟活动等。还可以直接出资入股，比如，昆山天福国家湿地公园所在的天福村就是如此，“天福社区的居民平均下来每户人家3至4股，每股大约350至490多元不等，其他集体资产所产生的收益，归到社区股份合作社，再按照股数进行二次分红”[①]。

合作社获得收入后按照股份进行分红。比如，可以针对退休老人发放退休金，可以对在校生提供助学金，对工作年龄范围内的发放旅游收入补贴等，以缩小贫富差距，共享生态湿地生态产生的经济效益。

（四）政府（集体经济组织）代为筹集生态旅游补偿资金，再通过一定的方式下拨

设立生态旅游账户，根据当地生态贡献在国民收入中占的比例，从对湿地景区的旅游企业、旅游者乃至一切从生态旅游中获益的社会群体进行的收费和税款中拿出一定比例，进行再分配，将之分配给为生态做出贡献者。或者村集体将村民基于生态资源开展的旅游经营收入中拿出一定比例在村里再进行二次分红等。这种方式也是一种对湿地生态的市场补偿，通过政府（集体）来代为征收与发放的方式，它适用于湿地资源是开发且免费的，湿地旅游经营者众多且贡献者也较多的，通过单一谈判达成补偿的情形下适用。这一方式充分说明了在湿地生态补偿中，市场补偿与政府补偿密不可分。上述几种补偿方式可以分阶段分别使用，也可以同时使用。比如可以同时采用部分参股分红和部分利润分享的方式；也可以采用部分

① 范昕怡.长三角里话小康：紧挨上海的江苏小村变为湿地公园，村民还有分红［EB/OL］.（2020-8-26）［2020-11-2］. https：//www.360kuai.com/pc/909636d2db1daac55?cota=3&kuai_so=1&sign=360_57c3bbd1&refer_scene=so_1.

旅游合作社统一经营，部分零散项目个人经营，村集体再二次分红；也可以在湿地资源养育完成之前由政府补偿，基本养育完成之后采用市场补偿。

四、青岛市通过湿地生态旅游进行补偿需要注意的问题

（一）注重生态环境的修复与保护

无论采用哪种补偿方式，一定不要忽略对于生态环境的修复和保护（也可以说这是一种针对生态系统的补偿）。生态旅游最终还是要关注当地的生物多样性，并反哺到保护上来。生态旅游获得收入即便是补偿给个人，集体也需要留下相应的生态修复资金，或者要求个人在得到利润或者股份分享时承诺履行一定的生态保护义务。其他地区的生态旅游严格遵守了这一义务，如大猫谷自然体验的费用中一定要留足10%用于雪豹保护，其余用于当地社区居民的福利提升。再比如早在2005年湄洲岛明确每年把湄洲岛旅游门票总收入的8%作为专项基金反哺绿化，保证每年至少拿出100万的绿色基金用于扶持生态保护。只有这样，才能够实现旅游活动与环境协调发展。

首先社区提供了良好的湿地生态资源，然后旅游经营者来此投资经营获得利润，作为回报向社区支付分红，而社区作为分红的回报，积极开展环境保护工作，比如修建了生态停车场、加大绿化面积、减少排污、节约用水净化水质、保证湿地用充沛的用水等，总之不断地提升了生态环境，而更为整洁美丽的生态环境也增大了对游客和投资企业的吸引力，投资企业的收益也随之增加，企业给社区的分红也水涨船高，然后社区再将其投入到环境保护之中，这一举措不但建立了良好的生态环境的维护机制，而且实现了生态与收入的良性循环，实现了互利共赢，一方分享出去部分利润，另一方增加了收入的同时还维护了生态环境。这才是生态旅游的优势之所在——居民收入的增加和环境保护的同步。

（二）了解游客和社区的补偿意愿，设计相应的补偿途径

通过调查发现，针对良好的生态环境，绝大多数旅游者在拥有一定

的收入以后愿意为生态补偿支付一定的费用，其补偿意愿的高低与学习收入、受到的环保教育的水平具有一定的联系，所以要求湿地生态旅游景区要合理地宣传和吸引相应的旅行群体，并提升旅游景点的吸引力。

而受补偿者的意愿，既包括一定金钱的给付、当地基础设施（教育设施）的加强，也包括工作岗位的提供、旅游项目特许经营、参与旅游企业的经营管理，而后几种补偿方式，社区意愿不强，因为安排工作不一定公平，因为凡是工作岗位都对工作能力做出相应的要求，且从市场的角度看，工资收入的多少与工作提供的服务相关，这不一定对社区中每个家庭都是合理的，比如有的家庭因为学历低下，所以不能被招收到旅游企业工作，或者有的家庭皆为退休人员，没有劳动能力等。另外，有些受偿对象不愿意接受旅游项目的特许经营，这与个人的经营能力和水平有很大关系。所以，在选择生态旅游的补偿方式时，需要关注当地社区人员的组成情况，选择大家愿意接受的方式，并在必要情况下对其进行相应的培训。

此外，生态旅游不但涉及旅游景区与社区居民之间的分成，也涉及社区居民相互之间的分配。他们不仅希望得到经济利益的补偿，也希望能够得到景区的人文关怀，受到景区的重视和尊重，而不是单纯将其作为营利的工具。在补偿时要使受偿对象能够体现出生态建设主人翁的地位，让受偿对象融入生态旅游的建设与管理之中。

第三节　采用市场化手段筹集青岛市生态补偿资金

针对青岛市湿地补偿主要依靠政府投资而市场化程度不足的特点，可以采用各种制度鼓励各类社会投资进入生态保护市场。

一、采用政府与社会资本合作的PPP模式

这一模式在我国基础设施建设领域已经得到相对广泛的运用，根据具体的情况可以选择BOT、BOOT、DBFO等不同的形式。

（一）优点

这一公私合营的方式，具有许多优点，比如可以更好地发挥政府与社会的优势，可以共同分担湿地保护项目的风险，共享湿地保护项目产生的利益，可以有效地解决湿地保护中政府资金不足的问题。政府仅需要提供土地和少量的资金，即可解决资金所需甚大的湿地保护项目的建设问题；同时，公私合作，通过协议的方式将湿地保护项目的建设和运营的风险主要分配给私人公司，以此可以倒逼公司创新经营管理方法，选择最优的建设方案、最为节约高效的建设技术等。因此，其项目的建设成本与质量都远高于完全由政府资金投入的项目。另外，政府毕竟是管理部门，对于项目的建设不如商业公司更专业。公私合作，可以将政府不擅长的实务经营交由专业的公司去完成，政府则可以集中精力去完善职责范围内的社会管理事务。

（二）不足

在这种模式之下，政府的投入甚少，大部分的投入和项目管理运营的重担集中在商业公司身上，而且，风险分担也是商业公司风险更大。而且此处涉及政府部门在某些环节的审批审核，比如政府对该项目最终的定价不合理，可能商业公司运营该项目的利润不能得到保证；再比如，政府在项目的某个推进环节因为某些原因而出现违约，可能该项目就无法继续建设下去。所以，这一种公私合营的方式适合投资中等且项目的建设前景良好、收益相对稳定的项目，所以像湿地保护的有些项目（资金所需量大、建设成效存在不确定、相关保障制度不健全等）可能就无法通过这一方式吸引到社会资本。所以，总体而言，这种公私合营

的方式尽管可以吸引部分社会资本参与湿地生态补偿，但是从实践情况来看，民间资本参与的程度不够。而且，此种合作可能存在政府负担了不合理的债务或者政府借购买社会服务之名实行违规融资等情况。

（三）青岛市的选择

一方面青岛市应积极推进PPP模式在社会公共服务领域的应用，一方面又需要不断规范这一模式，青岛市财政局先后发布数个《关于进一步规范政府和社会资本合作（PPP）工作的通知》，切实保证该项目得到高效的推进。接下来青岛市仍然需要对该模式展开监督，确保能够落地的PPP项目坚持以运营为核心，而不是项目一建了之。另外，在项目风险的分配上，要坚决杜绝商业公司不承担任何风险或者承担的分享比例不符合该项目模式的项目落地，对于包装成PPP模式的纯属建设付费类的项目，财政部门承担支出责任。

二、利用国家的绿色发展基金吸纳社会资本

（一）含义

国家开发银行专门针对国家重点领域的开发建设项目提供资金支持。最近，更为有效的政府和市场结合的方式在我国被认可并在其他地区展开具体试点，这就是绿色发展基金。“发展绿色金融、设立绿色发展基金”在党的十八届五中全会被明确提出。之后国家又通过一系列的文件明确了该基金在生态保护领域的重要作用。

绿色发展基金一般是由政府牵头成立，其中的政府可能包括中央政府、地方政府或者各级地方政府，出资以政府为主，此外，还吸引金融机构、企业等积极参与。比如第一支国家级政府投资基金“国家绿色发展基金是由财政部、生态环境部和上海市人民政府三方共同发起设立。其首期基金总规模885亿元，其中中央财政出资100亿元，其他出资方包括长江经

济带沿线11省市地方政府、部分金融机构和相关行业企业”[①]。该绿色发展基金主要用于环境保护、生态修复、国土空间绿化等领域。因为其设立的出资方决定了其主要用于长江经济带11省市的相关生态保护、环境污染防治的建设。

而在地方性绿色发展基金中，第一支在中国证券投资基金业协会备案的政府主导的环保类股权投资基金——重庆环保产业股权投资基金，由原环境保护部对外合作中心和原重庆市环保局2015年共同发起成立，其中国有单位持股57%，占主要部分，其他股东为上市公司及民营企业。再如，2019年河南省设立了绿色发展基金，首期规模35亿元，其中政府出资10亿元（省财政出资5亿元，相关省辖市出资5亿元），河南省农业综合开发公司筹集5亿元，子基金规模20亿元。

绿色基金的这一筹资方式在国际商业基本是遵循这一规律的。如“美国清洁水州周转基金由联邦政府和州政府按照4：1的比例注入资本金，通过低息或无息贷款方式为公共污水处理厂建设和维护、非点源、河口管理等项目提供援助”[②]。

（二）优点

绿色发展基金能够较好地发挥政府的引领作用，实现以小博大的作用，比如河南省的绿色发展基金最终能够以10亿元的政府投入，带动不低于175亿元的投资规模。

与政府直接出资相比，其带有社会化运作的成分，是用政府资金的信誉来吸引社会资本参与，比如英国规定即便是政府全额投资成立的英国绿色投资集团，在每个具体的绿色投资项目中，政府出资只能占一半，另一半要使用社会资本。其一方面体现了以小博大，发挥了政府资金的杠杆

① 程亮，陈鹏，逯元堂，王金南.建立国家绿色发展基金：探索与展望［J］.环境保护，2020（15）：39-43.

② 陈莹.国家绿色发展基金如何助力打赢污染防治攻坚战？［EB/OL］.（2020-7-21）［2020-11-6］.https：//theory.gmw.cn/2020-07/21/content_34013603.htm.

作用。同时也能够实现政府与市场的有机结合，实现生态投入的多元化。因此对于有些大型的环保项目，如果没有政府资金的投入，社会资金可能不敢涉足该项目，而如果有政府资金投入进行引领，就像是在为该项目的成功做了政府信用上的担保，可以较好地鼓励社会资本，大胆投入绿色项目。较好的利用市场机制支持绿色发展，解决了环保项目公益性强、风险大、收益低而引致的融资难、融资贵问题。与纯粹的政府单一资金投入相比，它可以较好地解决生态保护项目资金总量不足、来源单一等问题。

与PPP等方式相比，国家绿色发展基金中政府，包括中央政府和地方政府出资占了较大的部分，在具体的项目投资中，政府资金也注入进来，而PPP项目之中，一般来说，政府不出资或者出少量的资金，项目的全部运营也完全交由PPP公司。这对PPP项目公司的资金能力要求颇高，而且项目周期长、风险大，所以项目公司在进入PPP项目时可能会犹豫。而绿色发展基金，由政府牵头用财政资金先行投入，而当出现盈利时，政府又很快撤出，这一做法实际上就是对社会资本进行帮扶，具有让利于民和“扶上马走一程，再送一程”的公益性性质，可以打消投资人的顾虑，分散项目的风险损失，促使生态修复生态保护等项目可以尽快落地，有效解决了绿色基础设施项目建设中的市场失灵问题。

（三）青岛湿地补偿资金的市场化筹措路径

青岛市还未参与绿色发展资金的建立，自然也无法通过这一方式筹集到有社会资本广泛参与的生态补偿的市场化资金，建议青岛市将来积极参与这一资金的筹集，以此提高生态补偿的社会化程度与水平。

总体而言，目前青岛市的湿地银行制度尚未建立，而已经设立的湿地保护公园以政府直接投资为主，缺乏企业等主体的投资参与，如此，则会出现政府资金有限、投资不足的情况，而且一般而言，政府投资设立的湿地公园，更多的是为公众免费开放，或者仅仅通过湿地观光游览、鸟类拍摄、湿地食宿、纪念品销售等方式获取利润。而且免费的运营可能利润不足，就无法实现对于湿地周边社区、企业等长效的生态补偿。青岛市湿地资源丰富，又有着旅游城市的深厚底蕴，应该积极引进个人和社会资金投资湿地公园，探索股份制、合作制、合作社+农户等各种形式，广泛吸纳政府财政、社会捐助、基金、贷款、周边物业增值等社会资本，建立湿地与企业、湿地与农户之间的良性互动，辐射周边社会经济文化的发展，既可以实现湿地的保护，也可以使周边的湿地保护者获得较为稳定的湿地生态红利的分享，有利于将湿地的生态效益、经济效益与社会效益实现良好的平衡。

目前青岛市已经开始初步的尝试，期待将来在上述方面得到进一步的完善。

第六章 完善青岛市湿地补偿的保障机制

DI LIU ZHANG

第一节　完善湿地补偿纠纷解决机制

纠纷的解决方式和处理结果客观上对湿地保护起到激励或者掣肘的作用。如果纠纷解决制度公平合理，有利于受补偿者通过这一最终保护机制获得应得的补偿，则会在客观上助力湿地保护的各项计划、项目与工程的开展；而如果纠纷解决机制都无法保障应受补偿者的求偿权利，则会对民众参与湿地保护起到阻碍作用。

一、湿地补偿纠纷的类型

在目前，湿地补偿纠纷主要包括以下几种。

（一）确权纠纷

确权纠纷即关于土地（海域）属于哪种类型以及土地（海域）权利归谁所有等而产生的争议。

1. 土地（海域）类型争议

土地（海域）的类型会影响到权利人能否取得湿地补偿。此处以退耕还湿（退林还湿、退草还湿）制度来进行说明。退耕还湿（退林还湿、退草还湿）制度是指将现有不适宜用作耕地、林地、草地的土地或者如果用作湿地则具有更重要生态价值的土地，有计划、分步骤地退出粮食生产、林木种植、放牧等，逐步恢复为湿地的一项制度措施。

以耕地为例，应该退出的耕地，其中一部分是因为在特殊时期，粮食生产不足，而将湿地改造成为耕地或者林地，现在为了保护湿地而应退出；还有一部分土地基于其特殊的地理位置，比如距离现存湿地较近或者其位置处于湿地保护的重要位置，如果不将其变为湿地不利于土地生态系统功能的发挥。

所以退耕还湿（退林还湿、退草还湿）制度是恢复受损湿地，增加湿地面积，实现湿地保护红线的重要制度，是维持湿地占补平衡的重要保障。

国家早在2014年开始重视退耕还湿等制度，选择东北三省和内蒙古作为第一批试点地区，由于效果良好，所以国务院办公厅《关于健全生态保护补偿机制的意见》中提出要继续推进试点工作，扩大试点范围，到目前为止，国内许多地方都建立了退耕还湿等的补偿工作。

因此如果某块土地由耕地（草地、林地）变为湿地，则会得到相应的补偿。在实践中，就有承包户认为自己已经遵照政府的要求，将承包的耕地退耕还湿了，因此主张湿地生态补偿，但是林业等部门认为其土地性质并不符合湿地的基本要求，因此不承认是湿地，拒绝发放补偿。就此，双方产生的纠纷就属于土地类型争议。

2. 土地（海域）权属争议

仍以退耕还湿进行说明。退耕还湿的补偿应该归属于土地的权利人，这没有争议，但是对于谁才是应予补偿的土地权利人，在实践中却可能因为某些原因产生争议。比如某农业开发有限公司在1996年与某林业局签订了为期20年的《宜林荒地承包经营合同书》。2006年，该公司将承包土地转让给他人，双方签订了承包经营合同转让合同，并上报发包方，得到批准。后来该受让人由于未按照合同约定及时向转让人支付土地转让费用，该农业开发有限公司要求终止两者之间的合同，得到林业局的批准后，该公司承包的土地划为湿地自然保护区。2015年，国家大批退耕还湿补助款下拨到位。但是林业局却没有将补助款下发给某农业开发有限公司，其认为这笔补助款和该公司没有关系，而应该属于受让人。但是该公司却认为应该归自己所有，因为自己才是该土地的权利人。在此，双方针对补偿权归属的纠纷实际上是土地承包权权属纠纷。

这一纠纷在海域清理中也会涉及，比如青岛市黄岛区在蓝湾整治行动中，为了保护滨海湿地，对胶州湾一定范围内的海域进行清理并给予补偿，其中一户村民认为自己承包了被告的5亩滩涂进行筏式养殖，所以在该滩涂被占用而应该得到4万多元的补偿，但是被告不承认原告有该海域承包权。此处的补偿款纠纷实质上也是该海域承包权归属纠纷。

（二）征收（收回）土地（海域）的补偿标准纠纷

因为保护湿地的需要，可能会涉及集体所有的土地被征收为国家所有，或者对与其上的房屋进行拆除，或者涉及对于原许可的海域使用权等进行收回，或者对于猪圈、鸡棚、养鱼池、网箱等进行拆除。在这一过程中，会出现征收补偿标准以及征收补偿款在集体与农户以及农户之间的分配纠纷。其中，尽管关于陆上土地的征收补偿纠纷较为常见，但是关于海域使用权的收回纠纷在实践中也屡屡发生。

海域（包括滩涂，现阶段一般将滩涂归入海域）所有权属于国家，所以其使用的字眼是“海域的征用”“海域使用权的收回”，而不是征收。所以，很多人据此认为，海域使用补偿费里可以没有类似于土地补偿费的“海域使用补偿费”，因为土地征收补偿里面的土地补偿费，是属于国家给集体经济组织的土地所有权变更为国家的补偿，所以在海域征用时这一块可以没有。再者，海域既然是国家的，那么国家想收回海域使用权就可以收回，最多不过是将剩余的海域使用金加利息退回就可以了。基于此观点，在海域清理时不给予权利人补偿或者补偿不充分的情况时有发生，由此引发了大量的纠纷，也大大降低了相关权利人退出滨海湿地的积极性。

（三）为保护湿地限制土地的使用导致的损失补偿纠纷

为保护湿地而要求湿地周边的土地在使用时需要遵守某些限制，比如对于化肥农药的使用要求、对于经营种类的要求、对于必须使用节水设施的要求等。在实践中，还会存在因为保护湿地的需要，而撤回原有的经营许可的情况，比如原来允许在某地经营民宿，权利人也投入了民宿经营的相关设施，经过努力获得了相对稳定的收入，因为保护湿地的需要，此地被规划为核心保护区，禁止开发利用，收回了原有的许可。那么，这些情况可能会影响到权利人对于土地的使用和收益，权利人的损失应否赔偿或者按照什么标准赔偿，也会产生纠纷。

在上述三种纠纷之中，以第一、二种纠纷更为多见。据粗略的统计发现，90%以上的纠纷是确权类纠纷和补偿标准纠纷。

二、现有的纠纷解决制度存在的问题

（一）偏重行政程序

现有的纠纷解决偏重行政程序，这一特点主要通过以下方面予以体现。其一，行政程序前置，法律规定土地（海域）权属的确认、政府征收补偿数额的确定、征收补偿的标准等纠纷，都只能先通过行政程序由行政机关进行解决。比如在一个海域使用权补偿案例中，法院以纠纷涉及了海域使用权确权属于海洋行政部门主管为由，认为法院没有管辖权，要求当事人向主管部门申请确认。其二，即便有些争议可以进入诉讼程序，法院仅审查行政行为是否合法，并不能直接变更政府的决定以实际化解纠纷。即在行政诉讼程序中一旦审查出政府的行政行为不合法，人民法院只能依法撤销政府的决定或者责令政府重做，如此一来，纠纷解决又回到了行政机关的手里。如此循环往复，直到问题解决。在此过程中，行政程序处于主导地位。

（二）诉讼程序的适用范围受到了限制

法院在上述纠纷中的受案范围受到了严格限制。一般来说，要获得补偿需要先确权或者明确补偿标准，而目前法院对有些权利并没有处理权，而针对补偿标准，法院的受案范围也有规定。

1. 对于国家确定的征地补偿标准或者根据此标准给付的土地征收补偿费数额有异议的，如果当事人之间此前并没有就补偿问题签订合法有效的补偿协议，那么，当事人的此项主张是针对决定征收或者执行征收的国家行政机关或者职能部门的行政行为不服，在目前制度之下，应该通过行政程序中的征地补偿安置争议处理程序来处理，不在法院民事案件的受案范围内。

2. 如果已经和国家签订了征收补偿协议，且协议不存在违法情形，那么就该补偿协议的履行、解除等产生的争议，在法院民事案件的受案范围之内。

3. 如果政府已经将征收补偿款发放到村集体经济组织等农民集体，那么对于村集体经济组织等农民集体决定如何在内部分配补偿款产生争议的，因为属于村民自治的范畴，也不在法院民事案件的受案范围内。

4. 如果农民集体已经做出了征收补偿补偿款的分配标准，村民对此并无异议，只是认为自己具有分得补偿款的资格，而农民集体未向其分配而产生的争议，在法院民事案件的受案范围之内。

5. 如果土地承包经营权人将土地转包或者出租，就土地上附着物和青苗补偿补偿费分配发生争议，在人民法院民事案件的受案范围之内。

当然，对于以上法律关于土地补偿款分配纠纷受案范围的规定，实践做法也不一致。比如，对于农民集体分配补偿款产生的争议，许多法院根据《村民委员会组织法》第二十四条第一款规定，征地补偿费的使用、分配方案，属于村民会议决定的事项，应该适用民主议定程序决定，人民法院无权干预，对于村民或集体经济组织成员资格，法院也无权予以确认。当然，也有根据《村民委员会组织法》第二十七条第三款的规定，认为法院有权对于农民集体征地补偿费分配的决议或决定进行审查。对于征收补偿款分配方案，法院是否享有司法审查权，现在的法律规定并不明确，对于该问题的可诉性，法院未能形成统一的意见，甚至有的案件，在一审二审中对该类纠纷的可诉性也有不同观点。[①]

另外，房地一体，对房屋进行征收也会涉及补偿问题。《国有土地上

---

① 陈小君，汪君.农村集体土地征收补偿款分配纠纷民事司法困境及其进路［J］.学术研究，2018（04）：42-51。

房屋征收与补偿条例》（国务院令第590号）没有对国有土地上房屋拆迁补偿协议的何种范围内的纠纷属于民事案件的受案范围做出规定，只是在第二十五条规定，补偿协议订立后，一方当事人不履行补偿协议约定的义务的，另一方当事人可以依法提起诉讼。可以推知，如果被征收人和房屋征收部门签订了补偿协议，和征地补偿一样，双方之间的关系转化为平等当事人之间的合同关系，发生争议，是可以在民事案件的受案范围的。但是，如果双方未达成补偿协议的，则根据法律规定，不允许选择提起民事诉讼，只能提起行政诉讼。

所以不但法院的受案范围有限，即便是在法院受案范围内，也会产生形成程序和民事程序适用的争议，因此，如果当事人使用诉讼程序，也不会被受理或者会被驳回诉讼请求。

（三）纠纷解决方式对接困难

现有的纠纷解决程序法律规定得比较繁杂，比如，针对土地征收补偿款的分配纠纷，法律就规定了行政裁决、行政诉讼、民事诉讼、农民集体民主决定四种程序，并各有不同的适用范围。比如对土地承包经营权纠纷，也有行政确认、土地承包经营权协调仲裁以及民事诉讼、行政诉讼四种。

现行法规定需要区分权属纠纷和民事纠纷适用不同的程序，权属争议适用行政程序而民事争议可选择诉讼程序。但是对两种程序进行区分殊为不易。

对于有些案件的管辖范围进行准确界定具有一定的难度。无论是行政机构还是法院都出现过因为错误理解了案件的性质，选择了不予受理或者驳回起诉，最后被撤销处理决定或者裁定的情况。如赵明杨、刘国美等与刘国美、张喜平等侵害集体经济组织成员权益纠纷再审案中，一审法院认为该案是集体成员之间关于补偿款的分配纠纷，属于人民法院的受理范围，而二审法院认为该案属于农村集体土地征收补偿费用的分配问题而引发的纠纷，属于农村集体经济组织自治的范畴，不属于人民法院民事案件的受理范围，最后再审又确认该案属于法院的受理范围。

专业机构都可能会存在误解，更何况是一般当事人。当他们在提起纠纷解决的请求时，由于对专业术语和解决程序了解不到位，往往会选择错误的程序。如某人因对拆迁补偿合同条款中规定的房屋补偿价格计算标准产生不满，与房屋征收部门产生争议，但在起诉时描述为对征收补偿标准产生的争议，因此被认定为不属于法院的受理范围，裁定驳回起诉。如此，纠纷不能得到真正的解决，不得不按照法律要求的“正确”程序重来一遍。

而且，各程序的适用范围存在区分，也就意味着可能各程序认为该纠纷不在自己的管辖范围内，也就可能相互推诿。如在青岛某公司行政征收案中，原告先提起民事诉讼，一审法院以此案属于行政纠纷为由驳回起诉。原告不服，上诉到二审法院，法院维持了原裁定。原告只好又提起行政诉讼。但是，一审法院认为原告的权利义务关系基于房屋租赁合同而产生，是民事争议，不属于行政受案范围，裁定不予受理。原告又提起上诉。二审法院驳回上诉，维持原裁定。那么，最后原告走遍了法院的民事程序和行政程序，纠纷依然没有解决。

这还是在一个诉讼制度中进行程序区分所产生的问题。而在行政程序与诉讼程序之间，彼此认为某纠纷属于对方的处理权限的情形经常出现。如在一起不服土地行政确权案中，原告申请被告对土地确权并颁证，被告以该案件属于继承引发的纠纷，需要法院等机构先行确定继承关系为由，做出关于中止土地权属争议案件的通知。原告不服，提起行政诉讼，法院认为，不属于行政审判权限范围，驳回原告的诉讼请求。在此案中，原告通过行政和行政诉讼程序皆无法保障其对宅基地的权利。

因此，民事诉讼程序和行政诉讼程序如何对接？行政程序和司法程序又如何进行对接？对接机制的缺乏，顶层协调制度的欠缺，使得各程序固守法律划定的圈子，相互之间缺乏对话，无法共同为高效公平地解决争议服务。

（四）救济法律缺乏，生态补偿的相关判决数量总体较少

我国法律没有明确规定生态补偿的适用条件、标准等，在进行补偿时，这就使得有些法院错位“借用”现有的法律制度来解决湿地等补偿问题，如采用间接补偿（行政补偿、损害赔偿）的方式来弥补权利人因为土地用途管制而遭受的损失。

（五）诉讼结果对于权利人极为不利，不利于矛盾的及时化解

王春雷对土地征收过程中的维权结果进行分析发现，因不服批准征收土地的行为而提起行政复议的，“征收土地的批复被撤销或被确认违法的情形较为少见”[①]。特别是由于征地后实施的建设用地行为常涉及重大的经济利益和社会利益，即使批准征收行为存在需要被撤销的情形，国务院裁决中也常会依据《行政诉讼法》第七十四条的精神，确认征地批复违法，而不是予以撤销。而在行政诉讼中，原告的胜诉率极低，这也说明政府的土地征收、拆迁行为得到了法院的肯定。综上，现有的纠纷解决方式支持政府的征收拆迁行为，这一结果反射到实践中，则对政府的行为起到肯定和激励的作用。而且处理程序的不明确和处理标准的不统一，不但没有解决分配中产生的矛盾，反而使得矛盾更为激化。

三、对青岛市纠纷解决机制完善建议

（一）减少纠纷解决中行政性

土地（海域）补偿纠纷的解决和政府关系密切，需要政府专业的知识进行是非的判断，而政府作为行政机构对纠纷解决带有很强的行政色彩。

（二）扩大法院的受案范围，保证司法的最后救济地位

现有的关于土地征收的补偿标准、参与分配人员的资格、村民大会的

---

① 王春雷.土地征收过程中的维权途径与结果分析［J］.中国土地，2018（11）：18–20.

决议等，很多法院对此不予受理。而该“不予受理”，有些是现行法律的不健全造成的，有些则是法院对法律的理解有误或者因为担心与地方政府的决策相悖而不愿意受理。因此使得最容易激化矛盾的，权利受损害严重的行为却无法通过司法保护自己的权利。

《世界人权宣言》第八条规定：“任何人当宪法或法律所赋予他的基本权利遭受侵害时，有权由合格的国家法庭对这种侵害行为作有效的补救。”因此，当事人有权在通过行政程序权力仍然得不到救济时，选择法院等司法机构来对自己的权利进行最终的保障。因此，不能仅仅因为土地争议与土地管理部门的管理活动关系密切，土地管理部门更了解土地政策为由，不受理土地争议案件。而且，更重要的是，这一规定阐明法院的司法权可以对行政行为进行司法审查。日前，我国也在不断扩大法院对司法权的审查力度，《中华人民共和国行政诉讼法》的修改也扩大了行政诉讼的受案范围，但仍然有一些行政行为如土地征收的决定、批复以及国务院的最终裁决等能否在法院的审查之下还有争议。在此，重申和落实司法救济原则对当事人的权利保障非常重要，这也是彰显司法的权威性和公信力的一个表现。

（三）提高效率，统一裁决标准

提高程序的效率，保护权利人的利益。不要让程序空转，应该赋予法院适当的审查权，比如对征收方案的审查权。对于征收决定，人民法院依法只需作合法性审查，但对于补偿决定，除合法性审查之外，人民法院须对行政行为的合理性进行审查。征收决定针对征收请求做出，“其本身并不包含针对被征收人的给付内容，故对其只作合法性审查即可。但补偿决定则不然，它包含行政给付的内容，行政机关对于给付的数额等享有较大的自由裁量权，若其裁量不当导致结果严重不公，人民法院就有必要进行合理性审查。”[①]根据补偿数额争议的性质及我国实情，确立法院对补偿数额争议的裁判权，赋予法院确定补偿数额的权力。

对于判决结果，也不能一概判决“撤销决定，由行政机关重新作出”，而是在符合条件时，法院也可以做出变更决定，以尽量减少当事人的奔波，提高纠纷的解决效率。

应该由最高法院统一认识，健全审判依据的法律，发布相应的司法解释，并通过典型案例的公布、学习培训等方式，使得判决标准趋同。

（四）纠纷解决方式的简化及相互间的衔接

1. 国外经验的借鉴

行政程序与诉讼程序的衔接，最简单的办法是不管纠纷的种类，只要是与土地有关，全部归到一个机构解决，比如英国的土地裁判所制度。在该制度之下，不论是土地的采光权纠纷、财产损失纠纷还是行政机关因为行政行为引起的补偿纠纷、税务纠纷，甚至是土地价值评估的仲裁等[②]，都可以归到土地裁判所的管辖之下。在初审中，无需为选择何种程序而担忧，简单便捷，各程序之间也无需对接。在这一制度之下，所有的纠纷一次解决，当然，如果不服初审决定，可以上诉。

将纠纷一并解决的办法非常简单高效，但是却不适合中国。因为在中国已经形成了行政机关和司法机关配合解决土地纠纷的模式。尽管行政机关在解决土地纠纷时存在许多问题，可是，只要对制度进行合理的设计并完善，行政程序就能够较好地发挥解决纠纷的功能。有学者指出，“市场经济的发展必然带来大量的社会分工和高度专业化，社会矛盾越来越具有专业性，使得一些特定类型社会矛盾的防范和化解必须依赖政府主管部门的

---

① 房绍坤.国有土地上房屋征收的法律问题与对策［J］.中国法学，2012（01）：55-63.

② 沈开举，郑磊.英国土地裁判所制度探微［J］.郑州大学学报（哲学与社会科学版），2010（03）：45-48.

行政权力”[1]。因此，在社会矛盾纠纷频增的今天，如果纠纷全部涌入法院，不但极大地增加法院负担，也不利于纠纷的及时解决，还不利于避免法院审理的不足之处。行政机构解决纠纷有其独特的优势。因此，中国要进行行政程序的简化，合并职责功能相似或相同的机构，使得行政程序和诉讼程序各保持唯一性。

关于行政复议与行政诉讼的衔接机制，主要有“以德国为代表区分诉讼请求，决定行政复议前置与否的程序衔接模式；以美国为代表先行政后诉讼的衔接模式和以日本为代表的行政行为相对人自由选择衔接模式”[2]。尽管上述主要是行政复议与行政诉讼的关系，但是行政程序解决土地争议最后也主要是以行政复议作为代表，所以也可以看成是行政程序和诉讼程序的模式。

各国的衔接模式都是在符合自己国情的基础上发展建立起来的，而且都坚持以利益解决为导向进行设计，如德国坚持私法和公法要严格区分，所以行政法院受理所有与行政机构相关的案件，考虑到当事人的诉求不同，有些诉求无需经过行政程序法院即可裁判，但是有些诉求需要行政机构先行确定其合法性，其后再由法院受理。美国坚持三权分立，在一般情况下，司法权要尊重行政权，将行政争议先交由行政机关自身处理。因此规定，除非用尽了行政程序仍然无法保障权利，否则法院不予受理。而日本，一开始也是规定行政复议前置，但是随着公民理性程度的增加，国家认为他们可以为选择的纠纷解决程序负责，所以规定了行政复议和行政诉讼的自由选择模式。

2. 我国的选择

我国法律规范和公民的意识都还没有达到足够完善和成熟的程度，因

---

① 陶品竹.完善行政裁决制度应当思考的几个问题［J］.人民法治，2018（17）：34-36.

② 郝朝信.国外行政复议与行政诉讼衔接模比较［EB/OL］.（2009-8-8）［2018-2-4］.http：//www.calaw.cn/article/default.asp?id=668.

此使用德国根据公民的诉求反推是否行政前置的规定有困难，且实际上并没有解决中国现存的程序适用选择困难问题。日本的自由选择模式，在现有的制度之下，只会使得当事人选择相对成熟和公平的诉讼程序，增加法院的负担。

因此，根据我国的实际情况，美国模式较为适合。即土地（海域）争议（严格限制在与行政活动密切相关的方面）案件先通过行政程序（必须是经过不断建设，趋于完善的行政纠纷解决程序）解决，当用尽行政程序仍不能解决时，则最后可诉诸法院，且法院拥有司法审查权和变更权，可以直接以判决的形式代替行政机关的原有决定。如此，既可以减少法院的负担，发挥行政程序在解决土地纠纷上的优势，也能保证当事人权利的实现。

第二节　完善社区共管机制

一、社区共管机制的含义

社区共管是生态补偿之中公众参与的重要方式。所谓社区共管是指在彼此尊重相互的权利的前提下，社区和政府共同参与行动，采用不同的形式参与到生态保护之中，社区履行生态资源的维护、巡查、防污减排等义务，而相应地换取国家资金扶持、特别行动许可、生态效益分享等的一种生态补偿的新方式。

社区共管机制作为公共参与的重要形式，它解决了在生态保护与补偿中的矛盾与冲突，创新了生态利益分享的新方式。

其一，在生态保护之中，既涉及自然资源的所有权人和使用权人，又涉及自然资源的管理权人——国家，还涉及自然分享生态红利的民众，他们都有各自的权利基础和权利来源，前者主要诉求是生存权与发展权，更关注个人利益，后者从全社会的公共利益出发，重视全社会生态环境的保护与改善。两者在具体生态保护行动中，难免由于不同的立场而产生对于滨海湿地、河流湿地等自然资源不同的使用诉求，如果矛盾没有调和的渠道与途径，难免会引发激烈的冲突与对抗。社区共管机制明确了在生态保护之中社区的权利与义务，在一定程度上解决了彼此之间的权利的冲突，缓和了相互之间的矛盾纷争。

其二，从古至今，民众的意见表达就不可忽视。人民在生态保护问题上的态度至关重要，国家在实施湿地等生态保护项目时，更应该认真听取民众的呼声，尊重民众的意见。但是，如果民众的意见没有规范、合理的表达渠道，则难免会产生无序表达、无效表达等问题，使民众的意见无法对实践中的生态保护产生实质性的影响。所以，规范意见的表达渠道非常关键。社区共管机制将湿地等自然资源管理中被管理地区的民众的意见以及关注生态保护问题的专家学者、非政府组织的意见纳入政府生态保护的决策之中，规范了公众意见的表达，使得最终的生态保护从政策、法律制度到最终的执行都体现和反映了民众的意见，这有利于调动生态保护地区民众的积极性，也可以使湿地保护的成效以当地民众接受的方式被分享。

其三，社区共管机制，也体现了在自然资源的保护与管理方面去中心化思想的影响。去中心化，是指不再由中心决定节点，不再是节点要依附于中心才能存在和发展，而是每一个节点都可以成为中心。这就意味着在湿地等自然资源保护中，不再依靠某一政府机构的发号施令，下达不可违反的带有强制性的命令，来规范自然资源的保护、利用等行为；不再是下级的组织机构和个人单向服从上级领导机构的安排，去被动承担相应的义务，并在权威机构的安排下才能享受到资源保护中的利益。随着整个社会去中心化运动的发展，个人的权利得到彰显，更多的人要求在生态保护这一关系中，个人的生存权与发展权得到应有的重视，并在事关子孙后代环境保护问题上，有更多的发言权与话语权，在意见的征集、制度的制定、资金的筹集等全过程中，都可以参与进去，共同界定社区与政府以及相关群体各自的权利与义务边界，履行自己应尽的义务，也应该分享由此产生的利益。

去中心化要求政府必须重视社区（非政府组织、专家、民众等）的意见与建议，减少命令式的、强硬的、对抗性的管理方式，而是更多地采用合作、协商、参与等更容易引发公众参与热情的方式。社区共管机制则完美地契合了去中心化的发展趋势，实现了政府与民众意见的融合共通，实现了利益的分享与义务的分担。

二、社区共管机制的发展

关于社区共管最早的制度，早在19世纪末就开始在渔业管理领域实施，由于其广泛动员了社区的参与，在20世纪，这一制度的适用范围被不断地扩展，到20世纪七八十年代开始应用于自然资源保护的领域。比如签署的共同管理当地的国家公园的协议，可以算得上是当时最早的社区共管的协议。随后，加拿大、南非、越南等国家也开始效仿这一制度，建立了不同形式的社区共管模式。①

这一制度具体在我国的运用，是从1993年的草海自然保护区开始的，此处的社区共管模式是一种社区轻度参与自然保护区管理的方式，但其无疑是开了社区共管机制的先河。后来太白山、三江源等多个自然保护区也开始探索运用这一保护模式。我国的社区共管机制的实践，一开始是在国家的保护基金会（如鹤类保护基金会）、世界自然基金会等牵头、指导下开展的，因为社区共管在越来越多的领域得到适用，其效果不断得到彰显，于是在2017年的《建立国家公园体制总体方案》中，国家明确提出建

① 姜玲艳.浅谈湿地保护中的社区共管模式［J］.法制与社会，2008（20）：181.

立社区共管机制，推进国际公园的合作保护、共建协调。相应地，一些地区也开展了湿地社区共管的试点工作。比如在生态扶贫、生态移民中，聘用资源保护地区的人民担任生态保护管理员、巡视员等，如我国西藏的藏羚羊保护行动、三江源生物多样性保护行动等，都在自觉实践这一社区共管模式，创新了生态保护的制度与方法。在湿地国家公园和湿地小区的管理之中，青岛市即墨区等也开始了社区共管的实践。

三、社区共管的基本模式

（一）社区共管中，社区承担的义务

通过法律强制性规定或者协议方式被动限制或者主动放弃居民一些原本有权从事的行为，比如放弃在湿地周边的耕地上使用农药化肥等有害于湿地生物的行为；放弃在湿地周边汲取地下水的行为；放弃在滩涂的养殖捕捞行为；放弃在沼泽中收取芦苇等会对鸟类产生惊扰的行为；放弃在湿地周边排污、填埋垃圾等行为；放弃因过冬的候鸟在周边的鱼塘里捕食鱼类，或者啄伤鱼类而对候鸟进行驱赶、猎捕等行为。

积极从事一定的湿地保护行为，比如清理湿地的垃圾；在湿地周边种植红树林、防风草、芦苇等湿地植物；主动在滩涂、海岸带上从事放置人工礁石，改良海底生态环境等海床修复行为，以恢复生物多样性；在湿地周边进行巡逻，防止偷猎、扰乱生物栖息地，保护珍贵的野生资源，防止乱砍滥伐、乱养殖，不按规定使用湿地周边的土地等行为；治理排放污水不符合规定的标准等行为；进行水质净化、运用工程技术手段对将原来已经退化的消失的湿地进行修复或者将荒芜的土地改造重建成为湿地，或者提升了生物多样性、水质净化等湿地的功能，将湿地修建为公园，建设相应的游客游览观光、科研学习的基地。

进行湿地保护的宣传教育。社区通过开展演讲、印发宣传资料、组织进行鸟类和湿地的摄影比赛等方式进行湿地保护的宣传，使人们充分认识

到湿地保护的重要意义，并因此支持湿地的保护，参与到湿地的修复等各种活动中去。

社区为保护湿地贡献方案与智慧，因为社区与湿地毗邻，且社区人民的生产生活很多都是围绕湿地展开的，对湿地的现存状况、被破坏的原因等更为了解，可以对如何保护湿地提供除专业技术以外的社会学方面的经验和建议。并且湿地最终保护的成效与湿地周边的社区关系较为密切，所以许多细微的工作还是要依靠对当地情况比较熟悉的社区居民开展，才会更有成效。

雇佣社区居民从事湿地公园的巡逻、养护、管理。利用社区居民对湿地等地形特点、植物种类、湿地动物的习性比较了解，且对湿地的狩猎、非法捕捞等信息的掌握比政府部门更为迅速和及时的特点，可以有效地防止湿地的非法狩猎、捕捞等破坏湿地的环境或生态的行为发生。

（二）政府对社区居民的补偿

1. 社区居民参与湿地自然保护区的收益分享。比如将湿地公园的收入按照一定的比例（20%），由政府与当地社区分享，或者允许社区居民在湿地保护区内从事有限制的活动，或者与社区居民制定商业发展计划，指导其利用当地的特色气候和水土，发展及补偿其湿地保护的行为，比如在树下种植蘑菇、竹笋或者在特定区域拍摄风景照、开展观光游等活动，以此换得社区居民可以减少破坏湿地以及周边环境的行为。

2. 对于居民从事一定的活动进行鼓励和奖励，比如对居民不焚烧秸秆进行奖励，对居民不使用化肥进行奖励等等。以经济刺激的手段换取居民放弃一定的权利或者放弃从事一定的行为。

3. 对社区居民进行一定的教育培训，使其具备除了简单消耗原有的湿地资源以外的生存与发展的技能。

4. 邀请社区讨论湿地保护区的具体的管理活动和方案的实施，征求社区关于湿地补偿的方式、形式的意见等。

因此，可以看出，社区参与湿地保护有较高层次的参与，比如整个湿地保护区的发展以及管理方案的制定，保护区受益的分享等等，都需要社区发表意见、贡献智慧，并需要社区居民从内心真正愿意参与到湿地的修复和保护等行动中来。有中等层次的合作，比如政府改善周边社区的基础设施建设，对其进行教育培训，传授绿色环保的生存技能，或者授权允许其从事特许的活动等。有较为浅层次的参与，比如社区听从政府机构的安排从事一定的湿地保护行为，单方等待湿地保护机构聘用其从事一定的工作，或者单方等待政府对于居民的某种保护环境的行为进行补贴或者奖励等。

四、影响社区参与共管的因素

由此可以看出，社区参与共管的程度会有不同的变化，其参与的程度（深度）主要取决于以下因素：

（一）湿地以及周边的土地水域的所有权归属

在国外，上述地域的所有权有可能属于政府，也有可能属于私人。在中国因为土地的所有权只有两个主体，国家和集体。所以在一定程度上其所有权的冲突较好处理，但是，尽管所有权主体相对比较明确和单一，但是在国家所有或者集体所有的土地上存在的土地承包经营权、林地承包经营权、海域使用权等其主体各不相同。所以，在周边社区参与时，如果土地属于国家或者海域属于国家所有，则在进行湿地修复与改造时，需要当地社区参与的机会很少，大都是命令式的行政手段，比如拆除养殖的网箱大棚补偿多少，鱼苗等幼苗按照何种标准补偿，甚至在多长时间内拆除上述设施等，都通过政府的行政命令决定。但是如果土地属于集体所有，其上存在土地使用权，则社区参与的程度相对较深，比如土地补偿标准会提高，或者政府在进行湿地公园的经营时，社区要求参与分红，在对湿地进行开发利用时，政府也会征求当地社区的意见等。因此，湿地以及其周边土地海域、水域等的权利归属，在一定程度上影响社区的参与深度。权利代表着一定的利益，而这一利益需要政府予以承认和重视，所以，权利的分量和被重视程度深刻地体现在了社区参与的程度上。

（二）与社区的发育程度关系密切

如果社区组织健全、自治程度较高，社区居民环境保护与分享当地事务的意识较强，意见较为一致与集中，且有专门的机构去对接政府的相应部门来表达意见和诉求，则其参与湿地生态补偿的程度和方式会区别于组织松散、意见表达不一致的社区。

（三）与政府的管理方式有关

如果政府更强调运用命令式、行政强硬的手段，且当地居民也比较能接受这一方式，配合程度较高，则社区的参与程度较低；而如果当地社区意识较强，当地政府为了湿地保护修复这一事项顺利推行下去，则会通过合作、协商、共同管理等方式，邀请社区居民参与进来，则社区的参与程度较高。此外，社区参与共管的程度可能还有与国家整个顶层设计、法治环境以及湿地保护资金来源、湿地本身的状况等许多因素有关。所以说，政府选择的社区共管方式以及居民迫使政府不得不采用的社区共管方式就是上述各种因素发生耦合作用的结果。

五、完善青岛市湿地社区共管机制的几点建议

明确相关资源的权利归属。湿地资源的权利归属得以明确，也就意味着湿地保护中各方的权力大小与责任边界得以明确，这就为社区参与湿地共管奠定了基础。另外，明确各自的权责后，还需要合理分配湿地保护与利用之中的相关利益。根据湿地类型以及湿地保护阶段的不同，利益的分配方式和形式都应该有所区别。

赋予湿地周边社区（利益关系紧密的社区）以决策的参与权、知情权、表决权、管理权以及损失补偿和利益分享的权利。在某些情况下，公众获知有关湿地信息的渠道有限，无法及时参与湿地的管理决策，如果不赋予其相应的权利，则社区无法真正参与到湿地社区共管之中。这就要求国家在社区参与湿地保护的意识上升到一定层次之前，要给予社区相应的

参与补偿权利，以吸引、激励社区合理持续地保护湿地资源。

鼓励社区壮大组织、健全制度，为社区组织机构的健全提供资金支持和法律服务，使更多的社区参与到湿地保护之中。政府应根据不同的情形选择不同的管理方式，在有些阶段选择命令式，有些阶段采用合作式。尽管社区与政府在合作过程总会存在各种矛盾，协商的时间也会较长，但是，一旦协商机制得以建立，则事半功倍，湿地保护会更为持久，效果会更显著。

政府要合理引导社区从思想上主动关注湿地的保护与管理。布迪厄文化资本理论认为，人们积累旅游文化资本是为了将自己与他人区隔开来，人们展示旅游文化资本的目的也是如此[①]。即人们旅游，除真正为了丰富自己的人生外，另外一层意义就是为了将自己和世界上的大多数人（从未旅游的人或者很少旅游的人或者没有去其旅游地的人）区别开来，以显示自己的不同，来寻找自己内心的认同感或者自豪感。我们可以利用同样的原理，在选择湿地生态补偿的方式时，不一定给予物质的、金钱的补偿，也可以给予能实现内心自我满足的特殊补偿，比如为其办理湿地保护使者的证书，让其担任湿地保护的形象大使以及湿地保护义工的培训教师，或者当其为湿地服务一定的期限以后，允许本人以及其亲属免费来湿地景区参观等等，这些补偿方式可能会实现更好的补偿效果。

---

① 曹国新.社会区隔：旅游活动的文化社会学本质——一种基于布迪厄文化资本理论的解读［J］.思想战线，2005（02）：123-127.

参考文献

［1］A.J.M.米尔思著. 人的权利与人的多样性——人权哲学［M］. 夏勇，张志铭，译. 北京：中国大百科全书出版社，1995：51 .

［2］何皮特著. 谁是中国土地的拥有者［M］. 林韵然，译. 北京：社会科学文献出版社，2014：19.

［3］罗伯特 · B. 登哈特著. 公共组织理论（第三版）［M］. 扶松茂，等，译. 北京：中国人民大学出版社，2003.

［4］马克思，恩格斯著. 马克思恩格斯选集：第四卷［M］. 中共中央马克思恩格斯列宁斯大林著作编译局，译. 北京：人民出版社，1972：234.

［5］桥本公亘.宪法上的补偿和政策上的补偿［A］. //成田赖明. 行政法的争点. 东京：有斐阁，1980：177.

［6］蔡晓明. 生态系统生态学［M］. 北京：科学出版社，2000：6，8，11，12.

［7］曹国新. 社会区隔：旅游活动的文化社会学本质——一种基于布迪厄文化资本理论的解读［J］. 思想战线，2005（02）：123-127.

［8］常纪文. 二氧化碳的排放控制与《大气污染防治法》的修订［J］. 法学杂志，2009（05）：76.

［9］陈拓. 土地征收增值收益分配中的“显”规则与“潜”规则研究［J］. 经济问题，2014（07）：75-79，107.

［10］陈溪，等. 美国湿地保护制度变迁研究［J］. 资源科学，2016（04）：777–789.

［11］陈小君，汪君. 农村集体土地征收补偿款分配纠纷民事司法困境及其进路［J］. 学术研究，2018（04）：42–51。

［12］陈莹. 国家绿色发展基金如何助力打赢污染防治攻坚战？［EB/OL］.（2020–7–21）［2020–11–6］. https：//theory.gmw.cn/2020-07/21/content_34013603.htm.

［13］程亮，陈鹏，逯元堂，王金南. 建立国家绿色发展基金：探索与展望［J］. 环境保护，2020（15）：39–43.

［14］党纤纤，周若祁. 基于景观生态学理论的西咸渭河景观带规划设计途径探索［J］. 华中建筑，2012（07）：131–134.

［15］杜健勋，陈德敏. 环境利益分配：环境法学的规范性关怀——环境利益分配与公民社会基础的环境法学辩证［J］. 时代法学，2010（05）：44–52.

［16］杜群，车东晟. 新时代生态补偿权利的生成及其实现——以环境资源开发利用限制为分析进路［J］. 法制与社会发展，2019（02）：43–58.

［17］樊清华. 海南湿地生态立法保护研究［M］. 广州：中山大学出版社，2013：1–3，9，151.

［18］范昕怡. 长三角里话小康：紧挨上海的江苏小村变为湿地公园，村民还有分红［EB/OL］.（2020–8–26）［2020–11–2］. https：//www.360kuai.com/pc/909636d2db1daac55?cota=3&kuai_so=1&sign=360_57c3bbd1&refer_scene=so_1.

［19］房绍坤. 国有土地上房屋征收的法律问题与对策［J］. 中国法学，2012（01）：55–63.

［20］高景芳，赵宗更. 行政补偿制度研究［M］. 天津：天津大学出版社，2005：7.

［21］韩美，李云龙. 湿地生态补偿的理论与实践——以黄河三角洲湿地为

例［J］. 理论学刊，2018（01）：71.
［22］郝朝信. 国外行政复议与行政诉讼衔接模比较［EB/OL］.（2009-8-8）［2018-2-4］.http：//www.calaw.cn/article/default.asp?id=668.
［23］胡天祥. “私”的失位与社会发展内在动力的缺失［J］. 渭南师范学院学报，2017（23）：63-69.
［24］胡卫. 环境污染侵权与恢复原状的调适［J］. 理论界，2014（12）：116-117.
［25］胡苑，郑少华. 从威权管制到社会治理——关于修订《大气污染防治法》的几点思考［J］. 现代法学，2010（06）：151.
［26］姜玲艳.浅谈湿地保护中的社区共管模式［J］. 法制与社会，2008（20）：181.
［27］李奇伟，常纪文，丁亚琦. 我国生态保护补偿制度的实施评估与改进建议［J］. 发展研究，2018（08）：84-89.
［28］李小强，史玉成. 生态补偿的概念辨析与制度建设进路——以生态利益的类型化为视角［J］. 华北理工大学学报（社会科学版），2019（02）：16.
［29］李挚萍. 生态环境修复责任法律性质辨析［J］. 中国地质大学学报（社会科学版），2018（02）：50.
［30］刘金福，陈虹，涂伟豪，吴彩婷，尤添革，洪伟. 福建漳江口红树林湿地生态补偿研究［J］. 北京林业大学学报，2017（09）：84.
［31］刘金淼，孙飞翔，李丽平. 美国湿地补偿银行机制及对我国湿地保护的启示与建议［J］. 环境保护，2018（08）：75-79.
［32］刘明磊. 青岛市湿地资源及动态评估［D］.济南：山东大学，2019：22.
［33］刘啸霆. 当代跨学科性科学研究的“式”与“法”［N］. 光明日报（理论版），2006-04-06（3）.
［34］卢瑶，熊友华. 生态环境损害赔偿制度的理论基础和完善路径［J］.

社会科学家，2019（05）：132.

[35] 吕宪国. 湿地生态系统保护与管理［M］. 北京：化学工业出版社，2004：4，17，228，234.

[36] 吕忠梅，等. 侵害与救济：环境友好型社会中的法治基础［M］. 北京：法律出版社，2012：46，67.

[37] 毛振鹏，慕永通. 海洋滩涂生态补偿意愿的实证研究——以山东省青岛市西海岸经济新区（黄岛区）为例［J］. 中共青岛市委党校青岛行政学院学报，2014（01）：48-51.

[38] 梅宏. 滨海湿地保护法律问题研究［M］. 北京：中国法制出版社，2014：30-31，33.

[39] 邰垛霞. 湿地补偿制度：美国的经验及借鉴［J］. 林业资源管理，2011（02）：107-112.

[40] 沈开举，郑磊. 英国土地裁判所制度探微［J］. 郑州大学学报（哲学与社会科学版），2010（03）：45-48.

[41] 沈开举. 行政补偿法研究［M］. 北京：法律出版社，2004：1，9，26.

[42] 宋文飞，李国平，杨永莲. 农民生态保护受偿意愿及其影响因素分析——基于陕西国家级自然保护区周边660户农户的调研数据［J］. 干旱区资源与环境，2018（03）：63-69.

[43] 孙璇. 台湾都市更新中的群体性抗争与土地利益博弈研究［J］. 台湾研究集刊，2016（03）：43-51.

[44] 陶品竹. 完善行政裁决制度应当思考的几个问题［J］. 人民法治，2018（17）：34-36.

[45] 田富强，刘鸿明. 湿票制度："红线保护下的基建占用湿地管理"［J］. 湿地科学与管理，2015（01）：50-54.

[46] 田富强，刘鸿明. 自然湿地与人工湿地生态占补平衡研究［J］. 湿地科学与管理，2016（03）：45-49.

[47] 田富强. 多维占补平衡下的湿地生态盈余研究［J］. 湿地科学与管理，2018（02）：65–69.

[48] 田富强. 生态影响力占补平衡的湿地补偿比例［J］. 湿地科学，2016（06）：840–846.

[49] 万本太，邹首民. 走向实践的生态补偿：案例分析与探索［M］. 北京：中国环境科学出版社，2008：200.

[50] 王春雷. 土地征收过程中的维权途径与结果分析［J］. 中国土地，2018（11）：18–20.

[51] 王清军. 生态补偿支付条件、类型确定及激励、效益判断［J］. 中国地质大学学报（社会科学版），2018（03）：56–69.

[52] 王太高. 行政补偿制度研究［M］. 北京：北京大学出版社，2004：138，142.

[53] 吴忠民. 社会公正论［M］. 济南：山东人民出版社，2004：3–7.

[54] 夏军. 论行政补偿制度［M］. 武汉：中国地质大学出版社，2007：5.

[55] 严海，刘晓莉. 草原生态补偿的理论蕴含——以生态管理契约正义为视角［J］. 广西社会科学，2018（10）：108.

[56] 杨灿明. 转型与宏观收入分配［M］. 北京：中国劳动社会保障出版社，2003：60.

[57] 余锋，昌苗苗，赵威. 粤桂签订九洲江流域生态补偿协议［N］. 广西日报，2019–01–10.

[58] 中华人民共和国国际湿地公约履约办公室编译. 湿地保护管理手册［M］. 北京：中国林业出版社，2013：2.

[59] 臧俊梅. 中国农地发展权的创设及其在农地保护中的运用［M］. 北京：科学出版社，2011：96–98.

[60] 张蕾，等. 中国湿地保护和利用法律制度研究［M］. 北京：中国林业出版社，2009：5.

[61] 张立. 美国补偿湿地及湿地补偿银行的机制与现状［J］. 湿地科学与

管理，2008（04）：14–15.

［62］张丽君. 生态补偿的多维度分析［J］. 中国水运，2019（11）：101–103.

［63］张丽君. 湿地生态补偿制度建立的必要性分析［J］. 中国水运，2019（10）：102–103.

［64］张丽君. 试论生态环境损害赔偿与生态补偿［J］. 中国水运，2019（12）：99–101.

［65］张梓太，李晨光. 生态环境损害赔偿中的恢复责任分析——从技术到法律［J］. 南京大学学报（哲学与社会科学版），2018（04）：49.

［66］张梓太，吴卫星. 行政补偿理论分析［J］. 法学，2003（08）：47–49.

［67］浙江：绘出人与自然和谐共生的生态画卷［EB/OL］.（2020–4–21）［2020–5–6］.https：//new.qq.com/omn/20200421/20200421A0FZ5700.html?pgv_ref=sogousm&ADTAG=sogousm.

［68］中国21世纪议程管理中心. 生态补偿原理与应用［M］. 北京：社会科学文献出版社，2009：79，91.

［69］朱力，牛红卫. 浅议美国湿地缓解银行中的长效机制［EB/OL］.（2019–2–28）［2020–5–4］.https：//mp.weixin.qq.com/s?src=11×tamp=1615451492&ver=2939&signature=97xXqDNpQI6nB9hu0AlRJIv50UodgEAZtWGRRbOIjYbVMu9IQALuQsJyaQgYXDr*DeVNy8M6FmsRELxbZsGqKsY5kloXtFuERWBdSuGBAsPlrEh8QzUUB0dlZ8n8b1l-&new=1.

后 记

本书为2018年度青岛市社会科学规划研究项目“青岛市湿地生态补偿对策研究”（QDSKL1801139）的研究成果。项目立项后，我与黄晓林老师对整体框架进行了统一的调整，写作分工主要为：张丽君负责绪论、第一章、第三章部分内容，解直凤负责第二章、第三章部分内容、第四章、第五章、第六章。在写作的过程中，曲思禹老师、商宏丽老师及赵俊博、李亚维、赵媛媛等同学负责全书的校对、资料查找等工作。本书的完成得到了领导、同事的指导和帮助以及家人的支持，在此向大家表示最衷心的感谢。